五谷杂粮不仅是人们日常生活中不可缺少的食物，也是最经济实用的营养来源。

养生米糊豆浆
杂粮粥速查全书

顾香云　主编

北京联合出版公司
Beijing United Publishing Co.,Ltd.

北京科学技术出版社

图书在版编目（CIP）数据

养生米糊豆浆杂粮粥速查全书 / 顾香云主编 . — 北京：北京联合
出版公司，2014.1（2022.3 重印）

ISBN 978-7-5502-2422-3

Ⅰ . ①养… Ⅱ . ①顾… Ⅲ . ①豆制食品 – 饮料 – 制作 ②粥 – 食
物养生 – 食谱 Ⅳ . ① TS214.2 ② TS972.137

中国版本图书馆 CIP 数据核字（2013）第 307235 号

养生米糊豆浆杂粮粥速查全书

主　　编：顾香云
责任编辑：丰雪飞
封面设计：韩　立
内文排版：李丹丹

北京联合出版公司
北京科学技术出版社　出版
（北京市西城区德外大街 83 号楼 9 层　100088）
德富泰（唐山）印务有限公司印刷　新华书店经销
字数 350 千字　720 毫米 ×1020 毫米　1/16　20 印张
2014 年 1 月第 1 版　2022 年 3 月第 2 次印刷
ISBN 978-7-5502-2422-3
定价：68.00 元

前言

国人喜吃，也讲究吃，如何吃得健康、吃得营养、吃得美味，就成了日常生活中的头等大事。其实早在几千年前，古人就帮我们解决了这一问题——古语讲，"天生万物，独厚五谷""食之养人，全赖五谷"。

五谷杂粮不仅是人们日常生活中不可缺少的食物，也是最经济实用的营养来源。它的吃法十分丰富，可做主食或煲汤食用，也可做成各式米糊、豆浆及杂粮粥食用，正所谓"常喝豆浆，好处多多""简单米糊，养人滋补""杂粮粥，家常养生第一补"。我国幅员辽阔，米糊、豆浆、杂粮粥的做法也是花色纷呈，各具特色。例如大米黑芝麻糊，以大米、黑芝麻等为主要原料精制而成，具有大米和芝麻的浓郁香味，香滑可口，食而不腻，味美无穷；黄豆浆选料讲究，制作精细，营养丰富，老少咸宜，是国人最为喜爱的饮品之一；皮蛋瘦肉粥又称"有味粥"，采用新鲜肉片搭配皮蛋熬制而成，风味独特。此外，还有清热解暑的绿豆粥、营养美味的黑豆浆、鲜香可口的干贝海带粥、安神宁心的银耳莲子米糊等，也都风味别具。

本书综合中华传统养生理论与现代医学保健知识，引入最先进的健康理念，并结合中国人日常的饮食习惯，系统介绍了五谷杂粮与健康的关系，以及各种谷物制作养生米糊、豆浆、杂粮粥的制作步骤和营养价值，还提供了科学实用的食物养生

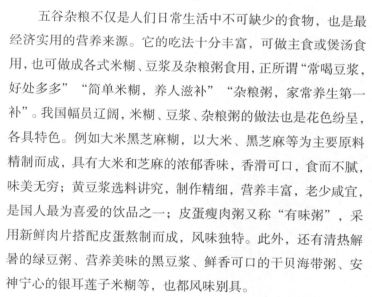

指导。全书按《中国居民膳食指南》中不同病症、不同人群、不同季节等对食用杂粮的要求分类，共介绍了500多种养生米糊、豆浆、杂粮粥的做法，内容全面，体例清晰。书中没有任何高深、枯燥的健康医学理论，而是把大家最关注的健康知识融入日常饮食之中，通过养生提示、饮食建议、制作方法和推荐食物四个栏目分别介绍了每道杂粮餐的功效、食用和烹调的技巧以及适合和忌用的人群，内容深入浅出，简单明了。同时，我们为每道米糊、豆浆、杂粮粥都配上了相应的精美图片，方便读者按图索引。

喷香的米糊，浓郁的豆浆，软糯的粥膳，道道经典，让每一位入厨者在家里利用简单食材即可做出美味又健康的佳肴，不用去餐厅即可让全家每天都能享受到营养美味的米糊、豆浆、杂粮粥。

目录

第四章　粗粮细做，好粥好健康/35

第五章　增强体质——米糊、豆浆、杂粮粥/47

第六章 养颜塑身——米糊、豆浆、杂粮粥/105

第七章　四季调养——米糊、豆浆、杂粮粥/135

第八章　不同人群——米糊、豆浆、杂粮粥/155

第九章 防病祛病——米糊、豆浆、杂粮粥/209

附录 细数五谷杂粮/283

第一章
最普通的时尚营养品
——米糊、豆浆、杂粮粥

五谷杂粮的四性五味五色属性

知五谷，食杂粮

"五谷"这一名词的最早记录，见于《论语》，只是里面没有给出具体内容；到了《黄帝内经》中开始有了明确的定义，里面的"五谷"是指：粳米、小豆、麦、大豆、黄黍。明朝的时候，李时珍完善了五谷杂粮的种类，他在《本草纲目》中记载谷类有33种，豆类有14种，总共47种之多。

如今人们所说的五谷杂粮包括各种谷类、豆类、黍类，以及坚果类和干果类。随着人们养生意识的增强，五谷杂粮养生的观念也越来越受到重视。中医指出，养生之道首先要保养脾胃，摄取食物中的营养，要多吃五谷杂粮，尤其是豆类。

现代医学研究发现，五谷杂粮中含有大量的膳食纤维，可帮助肠道蠕动，排除毒素，预防便秘。而且五谷杂粮富含的淀粉、糖类、蛋白质、各种维生素和微量元素（如铜），这些都是人体所必需的营养成分。如果主食摄取不丰富，常会导致头发变灰、变白。所以，要想身体健康就必须常吃一些五谷杂粮。

根据"四性"选择食物

按照传统中医理论，五谷杂粮有四性"性情"，即所谓的"四性"：寒、凉、温、热；后来又在此基础上增加了一种平性，意思就是介于寒凉与温热之间。有"五味"，指辛、甘、酸、苦、咸。了解五谷杂粮的四性五味，可以让人们根据自己的体质来选择合适的食物。

寒凉食物有清热、祛火、凉血、解毒等功效；温热食物有散寒、温经、通络、助阳等功效。《黄帝内经·素问·至真要大论》有："寒者热之，热者寒之"的治则。由此也可以延伸出食之养生的准则：

（1）寒凉食物适用于热性体质和病症，如适用于发热、口渴、烦躁等症状的西瓜；适用于咳嗽、胸痛、痰多等症状的梨。五谷杂粮中有小麦、荞麦、绿豆等。

（2）温热食物适用于寒性体质和病症，如适用于风寒感冒、恶寒、流涕、头痛等症状的生姜、葱白；适用于腹痛、呕吐、喜热饮等症状的干姜、红茶；适用于肢冷、畏寒、风湿性关节痛等症状的辣椒、酒。五谷杂粮中有糯米、高粱米、红米、红豆等。

（3）平性食物。中医认为，平性食物具有开胃健脾、补虚强壮的作用，适合经常食用，五谷杂粮多是属于平性食物，如玉米、燕麦、黄豆等。

根据"五味"选择食物

（1）辛味食物可缓和肌肉关节疼痛，偏头痛等，并可活血行气，发散风寒，对应器官为肺，但食用过多辛辣的食物会导致便秘，火气大或长青春痘等症状。

（2）甜味食物有滋养、强壮身体、缓和疼痛的作用。如有代表性的由黑米材料煮成的五谷粥，另外还有黄豆。

（3）酸味食物有生津开胃，收敛止汗，帮助消化，改善腹泻症状等作用，对应器官为肝，但吃太多易造成筋骨损伤，感冒者宜少食。

（4）苦味食物能清热泻火，促进伤口愈合，解毒，除烦躁等，对应器官为心，食用过多会口干舌燥，有便秘，干咳症状，胃病或骨病患者，应尽量避免，以米糠为代表。

（5）咸味食物能温补肝肾，泻下通便，对应器官为肾，但食用过多会造成高血压等心血管疾病，中风患者应节制，以核桃，大麦，小米为代表。

五色养生论

中医"五色入五脏"的理论。五色是指青（绿）、赤（红）、黄、白、黑。不同颜色的食物，养生保健的功效不同。

绿色养肝

常见绿色食物包括绿色蔬菜和水果等，如：绿豆、猕猴桃、菠菜等，这些食物是维生素的主要来源，主要功效是清理肠胃、促进生长、排毒。

红色养心

如红枣、花生、苹果等。红色食物有活血化瘀的功效，对心脏非常有益处。另外，多吃红色食物还可以起到减轻疲劳、抗衰老、补血、祛寒等功效。

黄色养脾

黄色食物有健脾养脾的作用，还可以提供维生素 A 和 D、抗氧化、促进排毒。如南瓜、胡萝卜、蛋黄、小米等。

白色养肺

白色食物有润肺养肺的功效，而且对预防心脑血管病、安定情绪、润肺、促进肠蠕动都有很大的作用。如杏仁、白果、山药、白萝卜等。

黑色养肾

黑色食物对于补肾、防治心脑血管疾病、抗衰老的效果非常明显。如黑豆、黑芝麻、黑米等。

五色食物必须均衡摄取，不可偏食一色，要让五脏同时得到滋补。

小小米糊最养人

　　将杂粮磨成粉面之后，加水煮至糊化，形成的具有一定黏度和稠度的半固态物质即为米糊。因为米糊介于干性和水性之间，口感细腻，容易吸收，所以常作为婴幼儿、老年人、肠胃虚弱者的滋补食物。不过米糊也并非体虚者的专属，将米糊加入适当的果蔬、坚果等做成的简易而营养的早餐，会带给你一天的活力！

　　与其他饮食相比，米糊具有以下优势：

1. 营养均衡

　　米糊以米类、豆薯类为主，您可选择的就有大米、小米、糙米、各种豆类、红薯、紫薯等，既可以单一食用，也可以随意搭配，还可根据营养互补和个人口味添加适当应季的水果蔬菜以及肉、奶、蛋等。总之，只要符合营养搭配原则，您都可以随意添加，保证让您最大限度地均衡营养。

2. 简单省时

　　随着各类米糊机、豆浆机的问世和不断改进，只需将要打磨的食材投入机器内，加入适量水，轻轻按下开关，5 ~ 10分钟后，一碗热腾腾的米糊就做好了，足以跟上现代人匆忙的步伐！

3. 容易吸收

　　现在多数人因为久坐、少运动的原因，肠胃消化能力明显下降，即使正常饮食也经常出现消化不良的症状。当然这并不意味着脾胃虚弱者应把米糊当主食，但如果将其作为早餐或夜宵，的确是不错的选择。

五谷为养，以"豆"为最

　　豆浆是深受大家喜爱的一种饮品，也是一种老少皆宜的营养食品，它在欧美享有"植物奶"的美誉。随着豆浆营养价值的广为流传，关于豆浆所承载的历史文化，也引发了人们的关注。那么，我们祖祖辈辈都在食用的豆浆，它的来历究竟是怎样的呢？

传说，豆浆是由西汉时期的刘安创造的。淮南王刘安很孝顺，有一次他的母亲患了重病，他请了很多医生、用了很多药，母亲的病总是不见起色。慢慢地，他的母亲胃口变得越来越差，而且还出现了吞咽食物困难的现象。刘安看在眼里，急在心头。因为他的母亲很喜欢吃黄豆，但由于黄豆相对比较硬，吃完之后不好消化，所以刘安每天把黄豆

磨成粉状，再用水熬煮，以方便母亲食用，这就是豆浆的雏形。或许是因为豆浆的养生功效，又或者是因为刘安的孝心感动了上天，其母亲在喝了豆浆之后，身体逐渐好转起来。后来，这道因为孝心而成的神奇饮品，就在民间流传开来。

考古发现，关于豆浆的最早记录是在一块我国出土的石板上，石板上刻有古代厨房中制作豆浆的情形。经考古论证，石板的年份为公元5～220年。公元82年撰写的《论行》的一个章节中，也提到过豆浆的制作。

不管是考古论证还是民间传说，都说明豆浆在中国已经走过了千年的历史，而且至今仍旧焕发着强大的生命力。实际上，豆浆不仅是在中国受欢迎，还越来越多地赢得了全世界人们的喜爱。

中医认为豆浆具有补虚润燥、清肺健脾、宽中益气等功效。而从现代营养学的角度来看，豆浆的营养则主要体现在以下八大营养素上：

1. 大豆蛋白质

豆类中的大豆蛋白为植物性蛋白，除了蛋氨酸含量略低外，其余必需的氨基酸含量都很丰富。最重要的是大豆蛋白在基因结构上最接近人体氨基酸结构，如果想要平衡地摄取氨基酸，那豆浆可以说是最好的选择。

2. 皂素

原味豆浆带有少许涩味，这是由于豆类含有少量皂素造成的。皂素具有抑制活性氧的作用，可有效预防因日晒造成的黑斑、雀斑等皮肤的老化症状，同时还能降低胆固醇、减少甘油三酯、防止肥胖。

3. 大豆异黄酮

豆浆中的大豆异黄酮又被称作"植物雌激素"，它能够与女性体内的雌激素受体相结合，对雌激素起到双向调节的作用，对预防乳腺癌和减轻女性更年期症状皆有很好帮助。

4.大豆卵磷脂

大豆卵磷脂为磷质脂肪的一种，主要存在于蛋黄、大豆、动物内脏中。卵磷脂可降低胆固醇，并且对人体没有任何副作用。一般情况下，每天食用5～8克的大豆卵磷脂，坚持2～4个月就可起到降低胆固醇的效果。

5.脂肪

大豆含有20%左右的脂肪，且主要为不饱和脂肪酸。所以大豆脂肪不仅不会导致肥胖，且具有降低血液浓度、保护心脑血管、预防血脂异常、防治高血压等功效。

6.寡糖

原味豆浆即使不加糖也具有一股淡淡的清甜味，这主要由于其中含有寡糖。寡糖可以帮助维护肠道菌丛的生态健全、增加营养的吸收效率、减少肠道有害毒素的产生，具有很好的护肠整肠作用。

7.B族维生素、维生素E

豆浆含有丰富的B族维生素和维生素E，对保证身体正常代谢、维持皮肤健康、预防口角溃烂、预防脚气病、保护视力、预防近视和夜盲症、清除自由基、预防衰老皆具有一定功效。

8.矿物质类

豆浆中含有丰富的矿物质。其中，镁能够维护血管、心脏、神经等的健康；钾能够帮助钠排泄，调整血压；铁可以帮助改善缺血症状，令脸色红润有光泽。

健康养生妙方：天天一杯豆浆

都说豆浆营养丰富，有益健康，但具体的益处到底有哪些呢？如果您已经有了常喝豆浆的打算或习惯，那么一段时间下来，相信也一定可以收获以下众多益处：

1.强壮身体

豆浆中不仅富含各种营养素，且容易被身体吸收利用，经常饮用对增强体质和提高机体免疫力皆有很大帮助。

2. 美容养颜

豆浆中所含的植物性雌性激素、卵磷脂、维生素 E、铁等，对于调节女性内分泌系统，改善肤质皆有明显效果。

3. 延缓衰老

豆浆中含有维生素 E、维生素 C、硒等抗衰老元素，能够有效防止细胞，尤其是脑细胞的老化，是抗衰健脑的佳品。

4. 预防糖尿病

豆浆含有大量纤维素，能有效地阻止糖分的过量吸收，从而起到预防糖尿病的作用，另外也可作为糖尿病患者的辅助食疗品。

5. 预防高血压

钠含量过高是引发高血压的主要原因之一，豆浆中所含的豆固醇和钾、镁都是强有效的降钠物质，因此经常饮用豆浆可起到预防高血压的作用。

6. 预防脑中风

豆浆中所含的卵磷脂可减少脑细胞死亡，帮助提高脑功能；而镁、钙等元素则能明显地降低脑血脂，有效降低脑梗死、脑出血的发生概率。

7. 缓解支气管炎

豆浆中所含的麦氨酸具有防止支气管炎平滑肌痉挛的作用，支气管炎患者常饮用豆浆可起到减少或减轻支气管炎发作的作用。

8. 预防癌症

豆浆中所含的硒、钼等皆是有效的抗癌、防癌物质。经常饮用豆浆对抗癌、治癌，尤其是胃癌、肠癌等癌症具有显著效果。

喝对豆浆养对人

豆浆受到大家的喜爱，是因为豆浆对身体的好处多多，它含有丰富的维生素、矿物质和蛋白质，对我们的健康很有益处。不过，豆浆并不是谁都适合喝，有的人饮用后对身体健康还会造成损害。那么究竟什么样的人不宜喝豆浆呢?

1. 胃寒的人不宜喝豆浆

中医认为,豆浆是属寒性的,所以那些有胃寒的人,比如吃饭后消化不了,容易打嗝的人不宜饮用豆浆。脾虚之人,腹泻、胀肚的人也不宜饮用。

2. 肾结石患者不宜喝豆浆

豆类中的草酸盐可与肾中的钙结合,易形成结石,会加重肾结石的症状,所以肾结石患者不宜食用。

3. 痛风患者不宜喝豆浆

现代医学认为,痛风是由嘌呤代谢障碍所导致的疾病。黄豆中富含嘌呤,且嘌呤是亲水物质,因此,黄豆磨成豆浆后,嘌呤含量比其他豆制品要多出几倍。正因如此,豆浆不适宜痛风病人饮用。

4. 乳腺癌高危人群不要大量喝豆浆

豆浆中的异黄酮对女性身体有保健作用,但是如果摄入高剂量的异黄酮素不但不能预防乳腺癌,还有可能刺激到癌细胞的生长。所以,有乳腺癌危险因素的女性最好不要长期大量喝豆浆。

5. 贫血的人不宜长期喝豆浆

黄豆与其他保健食材搭配,虽然有利于贫血患者的健康,但是因为黄豆本身的蛋白质能阻碍人体对铁元素的吸收,如果过量地食用黄豆制品,黄豆蛋白质可抑制正常铁吸收量的90%,人会出现不同程度的疲倦、嗜睡等缺铁性贫血症状。所以,贫血的人不要长期过量喝豆浆。

实际上,豆浆的养生作用是有目共睹的,但是我们不能因此而"神话"豆浆,也不能因为豆浆的一些副作用而谈其色变。毕竟长期过量摄入豆浆,才会出现不良作用,一般人的正常饮用不会出现问题。成年人每次饮用 250 ~ 350 毫升豆浆,儿童每次饮用 200 ~ 230 毫升,属于正常的饮用量。

养生道,杂粮粥

粥在我国传统食疗食补中一直有着"世间第一补人之物"的美称,足见世人对粥的热爱以及其补益功效之显著。但具体有何养生作用,每一款粥都各不相同,这里就仅将一般家常杂粮粥的补养益处略陈如下:

1.增气力

粥具有滋补强身的功效，经常食用可增气力，强盘骨。

2.美容颜

食粥可很好地滋润五脏，一段时间后即能够由内到外提升气色，收到美丽容颜的效果。

3.消宿食

粥本身即为易消化之物，很适宜积食者食用，且食粥能够温暖脾胃，促进胃中积食的消化。

4.调养肠胃

粥为米与水的混合物，软烂易嚼，容易消化，尤其适合脾胃功能不佳的人食用。

5.预防便秘

粥中含有大量水分，经常喝粥不仅可果腹充饥，还能为身体提供水分，滋润肠道，预防便秘。

6.延年益寿

很多长寿者皆有食粥的习惯，随着年龄的增长，人体各项机理功能开始衰退，此时多进食一些粥汤食品的确可起到方便吸收、延年益寿的作用。

根据体质喝对粥

生活中，每个人的体质都有不同，主要有"寒、热、虚、实"四大类。健康养身因人而异，用来喝粥的谷物还有丰富的营养，但是怎么吃、吃多少，不同的体质，需要也是不一样的。

寒性体质的特征：脸色苍白、唇色淡、精神虚弱易疲劳；喜欢热饮热食；怕冷怕风，手脚冰凉；女性的月经经常迟来，且血块多。

适合寒性体质的五谷杂粮：糯米、高粱米、红豆、花生、栗子、核桃、杏仁等。

推荐适合的营养粥：红豆花生红枣粥、生姜羊肉粥、核桃紫米粥等。

热性体质的特征：经常情绪急躁，脾气不好，常身体发热；怕热，经常便秘，尿少且色黄；喜欢冰冷的食物或饮料。

适合热性体质的五谷杂粮：大麦、小麦、荞麦、绿豆、薏米、小米等。

推荐适合的营养粥：香菇荞麦粥、薏米麦片粥、莲子粥等。

虚性体质的特征：精神萎靡不振，舌质嫩白无苔，脉象细而无力，面色苍白无血色等。

适合虚性体质的五谷杂粮：糙米、糯米、高粱、花生、红豆、芝麻等。

推荐适合的营养粥：黑米糯米粥、山药黑米粥、山药杏仁大米粥等。

实性体质的特征：容易烦躁不安、失眠；脾气不好、易暴易躁；有时口干口臭，呼吸气粗，容易腹胀、便秘；常感觉无端闷热等。

适合实性体质的五谷杂粮：薏米、绿豆、小米等。

推荐适合的营养粥：小米黄豆粥、绿豆粥。

第二章
简单易做的
美味米糊

家常米糊的精细做法

在各种家庭打磨机还未普及之前，米糊的制作可谓一项精细活儿，不过传统做法也有传统做法的优势，在此就简略叙述一下：

1. 磨制

（1）石磨磨制

将要磨的食材浸泡好后，放入石磨中，磨成浆，然后滤去水分，再晒干，收粉贮存即可。这种磨法一般只适用于米麦一类的谷物。

（2）打磨机磨制

将要打磨的食材洗净晒干后，直接送到打磨坊打成粉末，适当翻晾后贮存即可。这种打磨法除谷类外，也可稍稍打磨一些淮山药、茯苓之类的中药材。

2. 加水调匀

在碗内盛入一定米粉后，加适量凉水或温水调拌均匀。

加水调匀

隔水炖

3. 入锅煮

（1）煮

传统米糊制作的最后一步是"煮"，将调拌好的米粉倒入锅中边煮边搅拌，直至成糊为止。

（2）隔水炖

传统米糊除了"煮"之外，也可采取隔水炖的方式。这种做法虽然更为费时，但营养成分保留效果更好，也会使人食用后不容易导致上火。

入锅煮

达人巧用豆浆机做米糊

豆浆机除了做豆浆外，也能做米糊哦！以下就是使用豆浆机做米糊的懒人步骤：

1.清洗、浸泡

将需要打磨的食材去除杂质后，用清水淘洗 2 ~ 3 遍。

需注意的是谷类及豆类在打磨前需要充分浸泡，使其更易打碎、熬煮，营养更易释放、利于人体吸收，同时充分浸泡后做出的米糊口感也更为细腻。浸泡时间随具体食材和气候的不同而定，越坚硬的食材需要浸泡的时间越长。另外，夏季食材浸泡的时间稍短，冬季则要长一些。

2.加水、按键

食材倒入豆浆机后，加入适量的水。一般情况下，100 克的大

米加 1200 毫升水比较合适，但如果食材中有含水量大的水果、蔬菜，则应适当减少水量。水加好后，将豆浆机盖好，找到"米糊"键，按下即可。

3.倒出、调味

待豆浆机提示米糊做好后，即可将米糊盛出，可按照个人口味调制不同风味的米糊。

大米米糊

材料

大米 100 克

白糖适量

盐适量

做法

① 大米淘洗净，用清水浸泡2小时。

② 将淘洗好的大米倒入豆浆机中，加水至上、下水位线之间，按下"米糊"键。

③ 煮好后，豆浆机会及时提醒你取出，取出后的米糊可按照个人喜好调制口味。

生津止渴、清补脾胃

• 养生提示

大米性平、味甘，具有生津止渴、补益中气、调和五脏、通血脉的功效，用大米煮成的米糊，绵软而不黏腻，适宜幼儿及年老者食用。

大米黑芝麻糊

材料

大米 80 克

黑芝麻 20 克

白糖适量

做法

① 大米洗净，用清水浸泡2小时；黑芝麻洗净后，控干。

② 将以上食材全部倒入豆浆机中，加水至上、下水位线之间，按下"米糊"键。

③ 米糊煮好后，豆浆机会提示做好。取出米糊后，可按照个人喜好加入适量的白糖。

生津养胃、乌发亮发

• 养生提示

大米具有生津养胃的功效，黑芝麻可补肝肾、益精血，经常食用大米黑芝麻糊对乌发美发有益处。

小麦胚芽糙米糊

材料

糙米 80 克　小麦胚芽 20 克　　盐适量

做法

① 糙米洗净，用清水浸泡 4 小时；小麦仁洗净，用清水浸泡 2 小时。

② 将以上食材全部倒入豆浆机中，加水至上、下水位线之间，按下"米糊"键。

③ 煮好后，豆浆机会提示做好。倒入碗中后，加入适量的盐，即可食用。

养生提示

糙米属于粗加工类谷物，和小麦一起打为米糊食用，可起到预防多种糖尿病慢性并发症的作用。

清热解毒、调节血脂

紫米米糊

材料

紫米 30 克　　大米 30 克　　红枣 5 个

做法

① 紫米、大米分别洗净，用清水浸泡 2 小时；红枣洗净、去核，再用温水泡开。

② 将以上食材全部倒入豆浆机中，加水至上、下水位线之间，按下"米糊"键。

③ 煮好后，豆浆机会提示做好。倒入碗中，即可食用。

养生提示

紫米和大米都具有滋阴补血的功效，且紫米营养在一般大米之上，除滋阴补血外，还可起到美容养肾的作用。

滋阴补肾、补血活血

补血活血、
和胃健脾

红豆红枣糯米糊

材料

红豆 25 克　　紫米 75 克　　红枣 5 个　　白糖适量

做法

① 红豆洗净，用清水浸泡 6 ~ 8 小时；紫米洗净，用清水浸泡 4 小时；红枣洗净、去核后，用温水泡开。

② 将以上食材全部倒入豆浆机中，加水至上、下水位线之间，按下"米糊"键。

③ 煮好后，将米糊倒入碗中后，加入适量的白糖，即可食用。

● 养生提示

红豆、紫米、红枣都具有很强的补血功效，三者搭配成的米糊，更易被人体所吸收。

糙米花生杏仁糊

材料

糙米 50 克　　杏仁 10 克　　花生仁 15 克　　白糖适量

做法

① 糙米洗净，用清水浸泡 2 小时；杏仁、花生仁去衣，再用温水泡开。

② 将以上食材全部倒入豆浆机中，加水至上、下水位线之间，按下"米糊"键。

③ 煮好后，加入适量白糖，即可食用。

● 养生提示

糙米含有丰富的 B 族维生素和维生素 E；杏仁具有美白润肤的功效；花生仁具有补血活血的功效。食用三者熬制而成的米糊，可起到红润肤色的作用。

润肤养颜、
去皱淡斑

红薯米糊

材料

红薯 50 克　　大米 20 克　　糯米 20 克　　白糖适量

做法

❶ 大米、糯米分别洗净，用清水浸泡 2 小时；红薯洗净，去皮，切成小块。

❷ 将以上食材全部倒入豆浆机中，加水至上、下水位线之间，按下"米糊"键。

❸ 煮好后，豆浆机会提示做好。将米糊倒入碗中后，加入适量的白糖，即可食用。

• 养生提示

红薯含有大量粗纤维，可起到润肠通便、清理肠道垃圾的作用。

美容瘦身、
通便润肠

薏米米糊

材料

大米 50 克　　薏米 30 克　　花生仁 20 克　　白糖适量

做法

❶ 大米洗净，用清水浸泡 2 小时；薏米洗净，用清水浸泡 4 小时；花生仁去衣，再用温水泡开。

❷ 将以上食材全部倒入豆浆机中，加水至上、下水位线之间，按下"米糊"键。

❸ 煮好后，豆浆机会提示做好。将米糊倒入碗中后，加入适量的白糖，即可食用。

• 养生提示

此款米糊具有滋润肌肤、活血调经及缓解面部粉刺、痤疮的功效，十分适合女性食用。

活血调经、
美容养颜

补虚安神、
滋阴补血

莲子花生米糊

材料

大米 50 克　莲子 20 克　花生仁 20 克　白糖适量

做法

① 大米洗净，用清水浸泡 2 小时；莲子用清水浸泡 4 小时后，去芯去衣；花生仁去衣，再用温水泡开。

② 将以上食材全部倒入豆浆机中，加水至上、下水位线之间，按下"米糊"键。

③ 煮好后，加入适量白糖，即可食用。

● 养生提示

莲子、花生都具有补虚损的功效，同时莲子也还具有安神静心的功效，此款米糊适宜病后、产后体虚者食用。

小米米糊

材料

小米 60 克　大米 20 克　白糖适量

做法

① 小米、大米分别洗净后，再用清水浸泡 2 小时。

② 将以上食材全部倒入豆浆机中，加水至上、下水位线之间，按下"米糊"键。

③ 煮好后，豆浆机会提示做好。将米糊倒入碗中后，加入适量的白糖，即可食用。

● 养生提示

此款以小米为主的米糊，具有安神、益肾、除热、解毒的作用，适宜气血不足、失眠健忘者食用。

安神益智、
补血养心

第三章
百味豆浆，营养自制

豆浆机的选择

一杯好喝的营养豆浆，离不开家用豆浆机的帮忙。面对着市场上形形色色的豆浆机，如何选择自己理想的那一款呢？下面介绍几个挑选豆浆机时的注意事项，希望可以帮助大家选到心仪的豆浆机。

1. 豆浆机的容量

根据家庭的人口数量选择豆浆机容量，一般而言，家里是 1 ~ 2 口人的，可以选择800 ~ 1000 毫升的，家里是 2 ~ 3 人的，可以选择 1000 ~ 1300 毫升的，家中人口在 4人以上的，豆浆机的容量可以选择 1200 ~ 1500 毫升的。

2. 看品牌选择豆浆机

名牌豆浆机一般都经过多年的市场检验，所以在性能上比较成熟。有的时候，消费者贪图便宜买的产品质量不好，又得不到良好的售后服务，徒增烦恼。另外，还要看厂家是否为专业的豆浆机品牌，有些产品并非自产而是从其他处购得产品后直接贴上自己的牌子，这样的产品质量保障可能会成为问题。所以，为了放心一些，豆浆机购买时宜选专业的品牌豆浆机。

3. 检查豆浆机的安全性能

大家之所以在家自己用豆浆机做豆浆，恐怕多是认为这样的豆浆喝起来更安全。既然如此，对于机器的安全性更是不能忽视。在挑选豆浆机时，一定要检查电源插头、电线等，还要注意机子是否有国家级质量安全体系认证的产品，如 3C 认证、欧盟 CE认证等。

4. 注意机器的构造和设计

（1）看豆浆机的刀片和电机是否合理决定着豆子的粉碎程度，也决定了出浆率的高低、影响着豆浆的营养和口味。好的刀片应该具有一定的螺旋倾斜角度，当刀片旋转起来的时候，能够形成一个碎豆的立体空间，因为巨大的离心力甩浆，还能将豆中的营养充分释放出来。平面刀片只是在一个平面上旋转碎豆，碎豆的效果不是很好。

（2）看豆浆机的加热装置，宜选择加热管下半部是小半圆形的豆浆机，这样更易于洗刷和装卸网罩。对于厂家而言，这样的加热管制造技术难度大、成本高。有的豆浆机加热管下半部是大半圆形，不建议选择。

（3）有网罩的豆浆机，还需要看网罩的工艺技术。好的网罩网孔按"人"字形交叉排列，密而均匀，孔壁光滑平整，劣质的网罩做不到这一点。选购时可以举起网罩从外往里看，如果网孔的排列有序则属于优质网罩。

（4）看豆浆机是否采用了"黄金比例"设计，豆量与水量的比例、水的温度、磨浆时间、煮浆时间等因素的组合能否达到最佳效果。豆浆需要在第一次煮沸后再延煮4～5分钟最为理想，如果延煮时间太短则豆浆煮不熟，太长则易破坏豆浆中的营养物质。

（5）看豆浆机的特殊功能有无必要，有的豆浆机宣称能够保温存储，有的豆浆机则直接在机内用泡豆水打浆，有的建议打干豆……实际上，豆浆在存储的时候，都需冷藏保存，否则极易变质。

那些利用定时功能直接用泡豆水磨出的豆浆，既不卫生又很难喝；而直接用干豆做出的豆浆，则会影响人身对大豆营养的吸收。所以说大家在选择豆浆机的时候，不要被那些五花八门的功能所迷惑，以免买到不合适的产品。

豆浆制作三步走

市面上虽然随处可见"现磨豆浆"的牌子，但东西始终赶不上自家打磨的豆浆香浓健康，那么我们就来看看如何利用豆浆机，三步搞定卫生营养美味的豆浆吧！

1. 精选豆子

在做豆浆前，首先要挑选出坏豆，如虫蛀过的豆子等，以保证豆浆的品质。

2. 浸泡豆子

将挑选好的豆子或谷物清洗后，还必须进行浸泡。一般来说，豆子的浸泡时间在6～12小时，米类谷物的浸泡时间则以2～4个小时为宜。温度是影响浸泡效果的重要原因，因此夏季的时候，时间可缩短，冬季则应适当延长。

3. 打磨豆子

将泡发好的豆子放入豆浆机中，加入适量的水，按下"豆浆"键，待豆浆机提示做好后，倒出加入适量的白糖，即可饮用。

没有豆浆机也能做豆浆

豆浆好处众多，如今很多人都在家用豆浆机制作豆浆，不但干净卫生，味道还很浓郁。有的人可能说，我的家中没有豆浆机，那可怎么做豆浆啊？其实，在没有豆浆机的情况下，我们可以利用搅拌机这个好帮手。其实在 20 世纪 90 年代，很多人都不知道豆浆机为何物的时候，人们主要就是通过搅拌机来做豆浆的。

具体来说怎么做呢？首先也需要先将豆子泡发，之后放入搅拌机中，再加入适量的水，启动搅拌机，这样就可以将豆子磨成豆浆了。需要注意的是，搅拌机磨出来的是生豆浆，需要煮熟后才能饮用。因为豆浆中含有一种皂苷，它是一种糖蛋白，摄入过多可能使人产生恶心、胸闷、皮疹、腹痛等症状，重者休克，甚至会危及生命。

另外，豆浆还含有一种抗胰蛋白酶，会降低胃液消化蛋白质的能力，引起消化不良。这两种物质如果不去掉，豆浆根本不能喝。在充分的加热环境下就能破坏掉这两种物质。通常在煮豆浆的时候，需要在豆浆沸腾后再煮几分钟，而且锅盖需要敞开，让豆浆中的有害物质随着水蒸气蒸发掉。

如果你家中没有豆浆机，又很想喝自制的豆浆，不妨试试这种用搅拌机磨豆浆的方法。另外，过滤后的豆渣也不要扔掉，它也能华丽变身为可口美味。

制作豆浆应注意的细节

用豆浆机制作豆浆，已经成为不少家庭每天必不可少的生活内容。不过若要轻松制出口感浓郁且营养丰富的豆浆并不容易，虽然豆浆在制作的时候比较方便，但是如果忽视了一些细节，豆浆的口感和营养价值就会大打折扣。现在我们就来看看制作豆浆的时候，都需要注意哪些细节吧。

1. 做豆浆前一定要泡豆

有的人认为泡豆耽误时间，所以喜欢直接用豆浆机中的干豆功能，干豆做成的豆浆偶尔食用尚可，经常喝的话不利于身体健康。为什么这样说呢？大豆外层的膳食纤维不能被人体消化吸收，也妨碍了大豆蛋白被人体吸收利用。如果充分地泡大豆，能够软化它的外层，在大豆经过粉碎、过滤、充分加热的步骤后，人体对大豆营养的消化吸收率会提高不少。另外，豆皮上附有一层脏物，不经过充分地浸泡很难彻底清洗干净。而且，利用干豆做出的豆浆无论在浓度、营养吸收率、口感和香味上，都不如用泡豆做出的豆浆好。所以，泡豆可以说是做豆浆时必不可少的一步，这样既能提升大豆粉碎效果和出浆率，而且还卫生健康。

2. 泡豆的时间不可一成不变

泡豆的时间如果室温在 20 ～ 25℃下，12 个小时足以让大豆充分吸水，如果延长时间也不会获得更好的效果。不过，在夏天温度普遍高的时候，豆子浸泡 12 小时很可能会发霉，带来细菌过度繁殖的问题。所以，最好能放在冰箱里泡豆子，在 4℃的冰箱里泡豆 12 小时，相当于室温下浸泡 8 小时的效果。如果是冬天，室内温度较低，可以在 20 ～ 25℃下浸泡 12 小时，也可适当延长大豆的浸泡时间。

3. 泡豆的水不能直接做豆浆

有的人直接用豆浆机浸泡豆子，在对豆子进行充分浸泡后为了图省事，直接用泡豆水做豆浆。这种方法倒是方便了，但对健康是很不利的。浸泡过大豆的人都知道，大豆在水中泡过一段时间后，会令水的颜色变黄，而且水面上还会浮现出很多水泡。这是因为大豆的碱性大，在经过浸泡后发酵就会引起这种现象。尤其是夏天泡过大豆的水，还容易滋生细菌，发出异味。用泡豆水做出的豆浆，不但有碱味，而且也不卫生，人喝了之后有损健康。所以，做豆浆不宜直接用泡豆水，不但如此，大豆在浸泡后还要用清水清洗几遍，去掉黄色的碱水。

4. 美味豆浆需要细磨慢研

很多人喜欢喝豆浆，不仅是因为它有丰富的营养，还因为它有润滑的口感。不过，有的人发现自己用豆浆机打出的豆浆没有那么香浓，实际上研磨时间的长短是影响豆浆营养和口感的一个重要细节。传统制作豆浆的方法是用小石磨一圈一圈地推着磨豆子，磨的时间越长，豆子研磨得越细，大豆蛋白的溶出率就越高，豆浆的口感也比较润滑。现在一般家用的豆浆机，多是用刀片"磨"豆，一次难以打到很细，这样大豆蛋白质溶解不出来，口味就会变得寡淡。所以，在打豆浆的时候如果发现不浓，可以选择多打几次来实现石磨研磨的效果。

5. 过滤豆渣，除掉豆腥味

大豆特有的豆腥味在用豆浆机自制豆浆的过程中难以祛除，这无疑影响了豆浆的口感。对这个难题，专家也有妙方：选择一个干净的医用纱布，煮好的豆浆通过纱布过滤到杯子中，这样不仅可以过滤掉残留豆渣，还可以减少豆浆中的豆腥味。

豆渣中含有丰富的食物纤维，有预防肠癌和减肥的功效，如果扔掉太可惜，我们可以将滤出的豆渣添加作料适当加工一下，就能变废为宝，做成各种可口的美食。豆渣的豆腥味如何去掉呢？在这里告诉大家一个简便方法：可以将豆渣用纱布包好，放入高汤中煮 5 分钟，捞出挤干水分就能去除豆腥味。

豆浆煮好后，最后一步就是清洗豆浆机了。传统豆浆机都有"网罩"，需要将网罩浸泡于水中刷洗干净后风干，机头的部分则用软湿布擦拭干净。不过，现在很多豆浆机都是无网设计，清洗起来会方便很多，但是仍要注意豆浆机内的卫生清洁。

妙手巧存喝不完的豆浆

现榨的豆浆鲜美可口，营养丰富，但一次做太多，又喝不完，那么如何保存喝不完的豆浆，才能做到既卫生又保证其营养不流失呢？

1. 准备容器

准备几个耐热、密封性好的容器。

2. 沸水杀菌

将洗净的容器用沸水烫一下或稍煮一下杀菌。

3. 装盛豆浆

趁着容器刚烫过，将煮好的豆浆倒入，并留出 1/5 的空隙。盖子松松盖上，不要拧紧。

4. 拧紧瓶盖

稍等十几秒，待豆浆放出一点热气后，再将瓶盖拧到最紧，然后放屋里自然冷却。

5. 冰箱保鲜

待豆浆冷却后，将其放入冰箱保鲜层中，就可存上 3 ~ 4 天了。想喝时取出再加热即可。

豆浆饮用三宜八忌

1. 三宜

（1）宜调节血脂

豆浆中含用丰富的维生素 E 和不饱和脂肪酸，其中含有的饱和脂肪酸含量极低，适合患有糖尿病、脂肪中等者食用。

（2）宜抗癌

豆浆中的蛋白质和硒、钼等都有很强的抑癌和治癌能力，特别对胃癌、肠癌、乳腺癌有特效。据调查不喝豆浆的人发生癌症的概率要比常喝豆浆的人提高 50%。

（3）宜与牛奶搭配饮用

豆浆与牛奶二者搭配饮用可均衡营养，但须注意二者不宜同煮。

2. 八忌

豆浆营养非常丰富，且易于消化吸收，是很多人喜欢的一种饮品。不过，豆浆在饮用的时候也有一些需要注意的事项。如果选择了错误的饮用方式，不但对身体无益，还有可能损害人体健康。

（1）忌喝未煮熟的豆浆

有的人喜欢买生豆浆，自己回家加热，加热时看到豆浆刚开始冒泡就误以为豆浆已经煮熟。这是豆浆的有机物质受热膨胀形成气泡造成的上冒现象，实际上，豆浆并没有煮熟。

大豆虽然含有丰富的蛋白质，但是也含有胰蛋白酶抑制素，这种抑制素能够抑制胰蛋白酶对于蛋白质的作用，使大豆中的蛋白质不能顺利被分解成可供人体吸收的氨基酸。只有通过充分加热之后，消除了胰蛋白酶抑制素的抑制作用，我们才能真正吸收到大豆中的蛋白质。生豆浆中含有皂甙，如果未熟透就进入人体，容易刺激胃肠黏膜，使人出现恶心、呕吐、腹泻等症状。

那么怎样的豆浆才算是煮熟的呢？实际上，生豆浆在加热到 80 ~ 90℃时就会沸腾，这样的温度还不能破坏生豆浆中的皂甙，所以最好在豆浆沸腾之后再煮 3 ~ 5 分钟。

（2）忌冲红糖

豆浆中加上一些红糖，喝起来味道会更加香甜，不过因为红糖中含有机酸，而有机酸在同豆浆中的蛋白质结合后，会产生不利于人体吸收的"变性沉淀物"，由此降低了营养价值。所以，豆浆中忌冲红糖，可以用白糖或冰糖代替。

（3）忌在豆浆里打鸡蛋

有的人喜欢用豆浆冲生鸡蛋，认为这样一下子就补充了两种营养成分，更为健康。

其实，尽管二者都含有丰富的蛋白质，但是这种饮用的方式并不科学。原因在于，生鸡蛋清中含有一种黏液性蛋白，在冲鸡蛋的过程中，豆浆中所含的胰蛋白酶抑制素会使胰蛋白酶和黏液性蛋白相结合，生成复合蛋白。这种复合蛋白不易被人体分解、吸收。同时，鸡蛋中蛋白部分含有的抗生物素蛋白与蛋黄部分中的生物素结合，会生成一种无法被人体吸

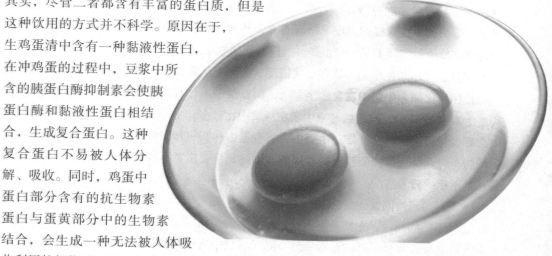

收利用的新物质。用豆浆冲鸡蛋的吃法不仅不能提高营养价值，反而在一定程度上降低了豆浆和鸡蛋中原有的营养成分。因此，豆浆和鸡蛋还是分开吃为宜。不过，煮熟后的鸡蛋可以搭配热豆浆，两者同食不会中毒。

（4）忌装保温瓶

豆浆的蛋白质含量丰富，在煮沸后如果放在保温瓶里保存，当瓶内温度下降到适宜细菌生长时，瓶内的上部空气里的许多细菌就会将豆浆当成培养基地而大量繁殖起来。一般而言，3～4个小时后，保温瓶内的豆浆就会变质。如果喝了这样的豆浆，人就会腹泻、消化不良或食物中毒。

另外，豆浆里的皂素能够溶解暖瓶里的水垢，所以豆浆在煮沸后应该立即食用或者在低温下保存。

（5）忌喝超量

一次喝豆浆过多容易引起蛋白质消化不良，出现腹胀、腹泻等不适症状，而且如果因为豆浆好喝，就"一杯接一杯"，那么很可能使体重增加。

（6）忌空腹饮豆浆

豆浆中的蛋白质大多会在人体内转化为热量而被消耗掉，所以豆浆不宜空腹饮用，否则豆浆不能充分起到补益作用。在喝豆浆前，最好能够先吃些面包、糕点、馒头等淀粉类食品，这样就可以使豆浆和蛋白质等在淀粉的作用下同胃液充分地发生酶解，令营养物质被充分吸收。

（7）忌与牛奶同煮

牛奶和豆浆的营养价值都很高，所以有人认为，将牛奶和豆浆一起煮后饮用，能够更好地吸收营养，事实上这样的做法是错误的。原因在于，豆浆中含有的胰蛋白酶抑制素，对胃肠有刺激作用，还会抑制胰蛋白酶的活性。它们只有在100℃的环境中，经过

数分钟的熬煮后才能被破坏，否则，人若食用了未经充分煮沸的豆浆，容易出现中毒；但是，牛奶如果在这样的温度下持续煮沸，其含有的蛋白质和维生素就会遭到破坏，影响到营养价值，实际上是一种浪费。所以，豆浆和牛奶不宜同煮。

但是这并不是说牛奶不能和豆浆搭配，实际上从营养学的角度来看，二者具有较强的互补性。比如，牛奶中富含维生素 A，而豆浆中不含有这种营养素；牛奶中维生素 E 和维生素 K 比较少，但这两种维生素在豆浆中比较多；牛奶中不含有膳食纤维，而豆浆中含有大量可溶性膳食纤维；牛奶中含有少量饱和脂肪和胆固醇，而豆浆含有少量不饱和脂肪，以及降低胆固醇吸收的豆固醇。因此，只要注意不将二者一起煮食，牛奶和豆浆还是不错的营养搭配。

（8）忌与药物同饮

豆浆不能同药物，尤其是不能同抗生素类的药物同饮，比如红霉素等。因为有些抗生素类药物会破坏豆浆里的营养成分，同时豆浆中所含的铁、钙，会使药物药效降低或者失效。

黄豆浆

材料

黄豆 80 克　　白糖适量

做法

1 黄豆洗净，用清水浸泡 6 ~ 8 小时。

2 将浸泡好的黄豆倒入豆浆机中，加水至上、下水位线之间，按下"豆浆"键。

3 豆浆机会提示做好，之后将豆浆倒出，过滤后加入适量的白糖，即可饮用。

● 养生提示

此款黄豆浆为最传统的豆浆，具有清热解毒、平补肝肾、防老抗癌、降脂降糖、增强免疫的功效。

清热解毒、补益身体

消肿利尿、补血活血

红豆浆

材料

红豆 80 克　　白糖适量

做法

1 红豆洗净，用清水浸泡 6 ~ 8 小时。

2 将浸泡好的红豆倒入豆浆机中，加水至上、下水位线之间，按下"豆浆"键。

3 待豆浆机提示豆浆做好后，倒出过滤，再加入适量的白糖，即可饮用。

● 养生提示

此款红豆浆具有利水消肿、清热解毒的功效，适宜水肿型肥胖者饮用。

绿豆浆

材料

绿豆 80 克　　白糖适量

做法

1. 绿豆洗净，清水浸泡 6 ~ 8 小时。
2. 将浸泡好的绿豆倒入豆浆机中，加水至上、下水位线之间，按下"豆浆"键。
3. 待豆浆机提示豆浆做好后，倒出过滤，再加入适量的白糖，即可饮用。

◆ 养生提示

绿豆不仅具有豆类食品的一般特点，同时其性偏凉，对于清热消暑及辅助治疗皮肤出痘都有很好的功效。

清热解毒、补充营养

黑豆浆

材料

黑豆 80 克　　白糖适量

做法

1. 黑豆洗净，用清水浸泡 6 ~ 8 小时。
2. 将浸泡好的黑豆倒入豆浆机中，加水至上、下水位线之间，按下"豆浆"键。
3. 待豆浆机提示豆浆做好后，倒出过滤，再加入适量的白糖，即可饮用。

◆ 养生提示

此款豆浆具有良好的乌发亮发、强身健体的功效。

乌发亮发、补血益肾

青豆浆

材料

青豆 80 克　　白糖适量

做法

① 青豆洗净，用清水浸泡 6 ~ 8 小时。

② 将浸泡好的青豆倒入豆浆机中，加水至上、下水位线之间，按下"豆浆"键。

③ 待豆浆机提示豆浆做好后，倒出过滤，再加入适量的白糖，即可饮用。

● 养生提示

　　此款豆浆以青豆为主料，具有清肝明目、润燥排毒的功效，尤其适宜春季饮用。

护肝养肝、调和五脏

 花生豆浆

材料

花生仁 50 克　黄豆 50 克　　白糖适量

做法

① 黄豆洗净，用清水浸泡 6 ~ 8 小时；花生仁洗净，用温水泡开。

② 将浸泡好的黄豆和花生仁倒入豆浆机中，加水至上、下水位线之间，按下"豆浆"键。

③ 待豆浆机提示豆浆做好后，倒出过滤，再加入适量的白糖，即可饮用。

● 养生提示

　　此款花生豆浆，不仅含有丰富的蛋白质，而且还具有降脂的功效，经常饮用可起到预防脂肪肝的作用。

调节血脂、理中益气

绿豆红薯豆浆

材料

绿豆 50 克　　红薯 50 克　　白糖适量

做法

① 绿豆洗净，用清水浸泡 6 ~ 8 小时；红薯洗净，去皮，切丁。

② 将以上食材全部倒入豆浆机中，加水至上、下水位线之间，按下"豆浆"键。

③ 待豆浆机提示豆浆做好后，倒出过滤，再加入适量的白糖，即可饮用。

● 养生提示

　　此款绿豆红薯豆浆具有良好的解毒功效，可有效帮助机体清除多种毒素，维持身体健康。

清热解毒、美容瘦身

核桃豆浆

材料

核桃仁 30 克　　黄豆 70 克　　白糖适量

做法

① 黄豆洗净，用清水浸泡 6 ~ 8 小时；核桃仁用温水泡开。

② 将浸泡好的黄豆和核桃仁倒入豆浆机中，加水至上、下水位线之间，按下"豆浆"键。

③ 待豆浆机提示豆浆做好后，倒出过滤，再加入适量的白糖，即可饮用。

● 养生提示

　　此款豆浆具有补脑健脑、益智强精的功效，经常饮用可起到延年益寿、乌发活血、美容的作用。

补脑益智、温补肺肾

芝麻豆浆

材料

黑芝麻 30 克

黄豆 70 克

白糖适量

● 养生提示

此款豆浆主要取黑芝麻和黄豆补虚劳的功效，适宜病后、产后、过劳等体虚者饮用。

做法

① 黄豆洗净，用清水浸泡 6 ~ 8 小时；黑芝麻洗净，控干。

② 将以上食材全部倒入豆浆机中，加水至上、下水位线之间，按下"豆浆"键。

③ 待豆浆机提示豆浆做好后，倒出过滤，再加入适量的白糖，即可饮用。

补虚活血、
强健身体

糯米豆浆

材料

糯米 50 克

黄豆 50 克

白糖适量

• 养生提示

> 此款豆浆主要取糯米温补脾胃、活血补虚之功效，适宜体质偏寒凉者及胃寒体虚者饮用。

做法

① 黄豆洗净，用清水浸泡 6 ~ 8 小时；糯米洗净，用清水浸泡 4 小时。

② 将浸泡好的黄豆和糯米倒入豆浆机中，加水至上、下水位线之间，按下"豆浆"键。

③ 待豆浆机提示豆浆做好后，倒出过滤，再加入适量的白糖，即可饮用。

温暖脾胃、益肾补虚

第四章
粗粮细做，
好粥好健康

煮粥的步骤

在不少人眼里，煮粥不过是把米淘好后，多加点水慢慢煮软的简单事儿。但如果要真正熬出一锅好粥，使米稠而不糊、糯而不烂，还是需要有一定的技巧的。

1. 浸泡

将米浸泡后再下锅，不仅节省时间，也会让粥的口感更好。但不同食材需要浸泡的时间各不相同，应根据实际情况灵活调整。

2. 滚水下锅

冷水煮粥容易糊锅，正确的应该用滚水煮粥，不仅不会出现糊锅的现象，而且还可让自来水中的氯得以挥发。

3. 搅拌

将食材滚水下锅后，应即时翻搅几下。待到粥煮开后转小火熬煮时，要注意朝同一个方向不停搅动，这样熬出来的粥，米粒才会更饱满、更黏稠。

4. 火候

待大火将米煮开后，转至小火继续慢慢熬煮约半小时，以煮至粥黏稠为宜。

5. 底料分煮

粥和辅料先分别煮到八九成熟，再放一起同熬片刻，一般以 5 ~ 10 分钟为宜。这样煮出来的粥既熬出了每样食材的味道，又不至于串味。

煮好粥的小窍门

1. 水量控制

粥和水的比例是影响粥黏稠度的最大原因。一般情况下，全粥的米水比例为 1 杯米 8 杯水；稠粥的米水比例为 1 杯米 10 杯水；稀粥的米水比例为 1 杯米 13 杯水。此外如果食材熬煮时间较长，则宜适当增加水量；若使用高压锅煮粥，则可适当减少水量。

2. 使用高汤熬煮肉粥

如果要想熬出的粥更鲜美，最好的办法就是准备一锅秘制高汤。一般来说，肉粥适合选用猪骨汤，海鲜粥适合选用鸡汤，栗子粥等日式风味的粥则可以用柴鱼、萝卜、海带等食材熬成的高汤。

3. 多种食材，下锅有序

当煮粥的食材较多，且硬度不一时，慢熟的要先放。如先放豆类、药材，其次为大米，最后才放蔬菜、水果。肉类需要先加料酒和水淀粉拌匀后再入锅，海鲜类的则需要先焯水去腥，这样熬出来的粥看起来才不浑浊。

4. 防止溢锅

熬粥时往锅里加几滴食用油，可有效避免粥汤外溢。

5. 米饭煮粥

胃寒的人可食用米饭熬煮的粥，比例大致为 1 碗米饭 4 碗水，先将水烧开后，再倒入米饭熬煮至粥成即可。

淘米忌过于用力

谷类外层的营养成分比里层要多，特别是含有丰富的 B 族维生素和多种矿物质，而这些营养物质可以溶在水里。如果在淘米时，太过用力，会让米外层中的营养物质随水流失。另外，也不要用热水淘米，这同样会破坏其中的营养物质。一般情况下，可先把沙子等杂质挑出，然后再淘洗两遍即可。

1. 原料选择要适当

利用生鲜食物煮粥时，其加热温度和加热的时间都无法达到杀死致病微生物的要求。尤其是水产品，如想保持食物的鲜美，就不能高温加热，加热时间也不宜过长，因此极有可能会有细菌或寄生虫卵残留。

致病的细菌、寄生虫卵或幼虫如果没有被杀死，便会随食物进入人体，从而引发各种疾病。因此，煮粥时一定要注意原料的选择，尽量不要选择带有致病细菌或寄生虫的原料，同时也要注意加热的温度与时间。

2. 煮好粥，选好器

能够供煮粥的器皿有砂锅、搪瓷锅、铁锅、铝制锅等。依照中医的传统习惯，最好选用砂锅。为使药粥中的中药成分充分析出，避免因用金属锅（铁、铝制锅）熬煮所引起的一些不良化学反应，所以，用砂锅熬煮最为合适。新用的砂锅要用米汤水浸煮后再使用，防止煮药粥时有外渗现象。刚煮好后的热粥锅，不能放置冰冷处，以免砂锅破裂。倘若一时没有砂锅，也可用搪瓷锅代替使用。

3. 煮粥忌放碱

有些人在煮粥、烧菜时，有放碱的习惯，以求快速软烂和发黏，觉得这样做口感也较好。但是这样做的结果，往往会导致米和菜里的养分大量损失。因为养分中的维生素 B_1、维生素 B_2 和维生素 C 等都是喜酸怕碱的。

维生素 B_1 在大米和面粉中含量较多。有人曾做过试验，在 400 克米里加 10 克碱熬成的粥，有 56% 的维生素 B_1 被破坏。如果经常吃这种加碱煮成的粥，就会因缺乏维生素 B_1 而发生脚气病、消化不良、心跳不正常、无力或浮肿等。

维生素 B_2 在豆子里的含量最为丰富。一个人每天只要吃 150 ~ 200 克黄豆，就能满足身体对维生素 B_2 的需要了。豆子不易煮烂，放碱后当然烂得快，但这样会使维生素 B_2 几乎全部被破坏。而人体内缺乏维生素 B_2，就容易引起男性阴囊瘙痒发炎、烂嘴角和舌头发麻等疾病。

维生素 C 在蔬菜和水果中含量最多。维生素 C 本身就是一种酸，能与碱发生中和反应，碱对它会起破坏作用。人体内如果缺乏维生素 C，会使牙龈肿胀出血，容易感冒，甚至得维生素 C 缺乏病。

4. 注意火候

煮药粥与煎中药有共同之处，都应掌握一定的火候，才能使煮制出来的药粥不干不稀，味美适口。在煮粥过程中，如果用火过急，则会使粥扬液沸腾外溢，造成浪费，且容易煮干；若用小火熬煮则费工费时。一般情况下，是用急火煮沸，慢火熬至成粥的办法。

5. 注意时间

药粥中的药物部分，有的可以久煮，有的不可以久煮。有久煮方能煎出药效的，也有的煮久反而降低药效的。因此把握好煮粥的时间亦极为重要。煎粥时间常是根据药物的性质和功用来确定的，一般来说，滋补类药物及质地坚硬厚实的药物，煎煮时间宜长，解表发汗类药物及花叶质轻、芳香的药物不宜久煮，以免降低药效。

6. 水的选择要注意

《粥谱》认为，煮粥活水比死水好，若用井水，要在凌晨 3 ~ 5 点汲取为好，煮粥用泉水最好。

怎么喝粥最健康

粥一直是中国人传统观念中健康养生的代表性饮食。现代人饮食过于精致、多量，引发了许多文明病，于是清淡、少食、粗食的饮食方法成了追求健康的新主张，粥也再度受到大家的重视。那么，怎么喝粥才健康呢？

1. 冰粥并不可取

冰粥是夏天的热卖食品，但它不适合体质寒凉、虚弱的老年人以及孩子。冰粥喝多了不仅会使人体的汗毛孔闭塞，导致代谢废物不易排泄，还有可能影响肠胃功能。

2. 三餐不能总喝粥

这个错误老人常犯。适当喝粥确实有益，但不可顿顿喝。粥属于流食，在营养上与同体积的米饭比要差。且粥"不顶饱"，吃时觉得饱了，但很快又饿了。长此以往，老年人会因能量和营养摄入不足而营养不良。所以喝粥也要注意均衡营养。将粥煮得稠一些，配个肉菜，或在两餐之间吃些点心等，都能补充能量。

3. 胃不好的人少喝

不少人认为粥养胃。但事实上，这种观点并不全面。因为喝粥不用慢慢咀嚼，不能促进可以帮助消化的口腔唾液腺的分泌，而且水含量偏高的粥在进入胃里后，会起到稀释胃酸的作用，加速胃的膨胀，使胃运动缓慢，这同样不利于消化。因此胃病患者不宜老喝粥，而应选择其他容易消化吸收的饮食，细嚼慢咽，促进消化。

4. 糖尿病人喝粥要适量

糖尿病患者一般更容易饿，而且粥具有消化快的特点，所以很容易让人吃了很快又想吃。粥本身在短期内还容易被身体所吸收，导致血糖迅速升高，或者波动过大。糖尿病患者要适量喝粥，每次一小碗即可。

健康食粥宜忌

1. 食粥最宜早晨

早晨正是人体需要补充水分和养分的时候，但因为早晨脾较困顿、呆滞，胃津分泌也不多，所以不易进食太难消化的食物。此时若食用适当粥食，不仅不会给脾胃带来太多负担，同时也能及时补充各种营养，为一天的生活注入新活力。

2. 海鲜粥宜加胡椒粉

鱼肉粥、虾仁粥等一类海鲜粥虽然鲜美，但难免带有一定的腥味，若加入适量的胡椒粉来调味，不仅可以除腥，而且还可起到防寒抑菌的作用。

3. 杂粮粥不宜多食

虽然粥比饭食更容易消化，但过量食用也会导致腹胀腹痛等消化不良现象发生，所以仍不宜多食。

4. 不宜食用过烫的粥

经常食用过烫的粥容易导致食道黏膜损伤、坏死或引起食管发炎，严重者还会诱发食道癌等。

5. 忌把剩菜剩饭泡在粥里吃

剩菜剩饭本就营养价值不高，若将其泡在粥里食用，菜粥混杂，不仅不能养胃，时间长了还容易造成脾胃损伤。

6. 生鱼粥不宜常食

生鱼粥里的鱼片加热时间不长，不少细菌或寄生虫很可能还未被杀灭，故不宜经常食用。

7. 胃肠病患者忌食过稀的粥

过稀的粥会稀释胃内部的消化液，影响肠胃正常消化，不利于胃病的康复。

8. 老年人不宜把粥做主食

虽然老年人宜适当增加粥食含量，但切不可将粥作为一日三餐的主食，因为粥所含的热量毕竟没有米饭高，长期以粥代饭很可能导致身体热量供给不足。

9. 孕妇不宜食用薏米粥

薏米中的薏仁油具有收缩子宫的作用，所以怀孕期间的妇女应避免食用。

大米粥

材料

大米 200 克　　盐适量　　白糖适量

做法

① 大米洗净，用清水浸泡 1 小时。

② 在锅内注入适量的凉水，大火烧开后将洗净的大米倒入锅中，边煮边翻搅。

③ 待米煮至翻滚、转小火继续慢熬半小时后，倒入碗中，按照个人口味加入适量的盐或糖搅拌均匀后，即可食用。

◆ 养生提示

此款大米粥具有调和脾胃、润肺清热的功效，经常食用可起到滋润五脏、健美肌肤的功效。

清肺解毒、和胃补脾

滋阴养血、和中益肾

小米粥

材料

小米 200 克　　盐适量　　红糖适量

做法

① 小米洗净，用清水浸泡 1 小时。

② 在锅内注入适量的凉水，大火烧开后将洗好的小米倒入锅中，边煮边翻搅。

③ 待米煮至翻滚、转小火继续慢熬半小时后，倒入碗中，按照个人口味调入适量的盐或红糖，搅拌均匀后，即可食用。

◆ 养生提示

此款小米粥具有滋阴养血、宁心安神的功效，加入适量红糖可起到养血的功效；若加入白糖则起到安神益智的功效。

高粱米粥

材料

高粱米 200 克　　盐适量　　冰糖适量

做法

① 高粱米洗净，用清水浸泡 2 小时。

② 在锅内注入适量的凉水，大火烧开后将淘洗好的高粱米倒入锅中，边煮边翻搅。

③ 待米煮至翻滚、转小火继续慢熬半小时后，倒入碗中，按照个人口味加入适量的盐或冰糖搅拌均匀后，即可食用。

● 养生提示

此款高粱米粥具有健脾和胃、生津止泻的功效，尤其适合脾胃虚弱、消化不良、慢性腹泻者食用。

健脾益胃、生津止泻

燕麦粥

材料

燕麦 200 克　生燕麦片 200 克　　盐适量　　白糖适量

做法

① 燕麦、生燕麦片洗净，用清水浸泡 1 小时，洗净。

② 在锅内注入凉水，大火烧开后将洗好的燕麦或生燕麦片倒入锅中。

③ 待燕麦煮至翻滚、转小火继续慢熬半小时后，倒入碗中，调入适量的盐或白糖，搅拌均匀后，即可食用。

● 养生提示

此款燕麦粥具有润肠通便的功效，经常食用可起到排除肠道毒素的作用。

润肠通便、益肝和脾

大米山药粥

材料

大米 100 克

山药 60 克

盐适量

做法

① 大米洗净，用清水浸泡1小时；山药削皮，洗净，切成小块。

② 在锅内注入适量的凉水，大火烧开后将大米和山药一同倒入锅中，边煮边翻搅。

③ 待煮开后，转小火继续慢熬半小时，倒入碗中，加入适量的盐，搅拌均匀后，即可食用。

• 养生提示

此款山药粥不仅具有调养脾胃、润肤美容的功效，同时还能帮助保持血管弹性，对预防心血管疾病也有一定的作用。

美容养颜、调和脾胃

美容养颜、强身健体

红枣薏米粥

材料

红枣 5 个

薏米 50 克

糯米 100 克

冰糖适量

做法

① 糯米、薏米分别洗净，用清水浸泡2小时；红枣用温水泡开，去核。

② 在锅内注入适量的凉水，大火烧开后将糯米和薏米一同倒入锅中，边煮边翻搅。

③ 煮开后，加入红枣，转小火继续慢慢熬煮，煮至米粒糊化成粥状时，加入适量冰糖，搅拌均匀后，倒入碗中，即可食用。

• 养生提示

此款红枣薏米粥具有补养气血、利水瘦身的功效，经常食用可使皮肤细腻紧致。

润肺止咳、
安神益智

百合薏米粥

材料

百合 30 克　薏米 30 克　大米 100 克　冰糖适量

做法

① 大米、薏米分别洗净，大米用清水浸泡 1 小时，薏米用清水浸泡 2 小时；百合用温水泡开。

② 在锅内注入凉水，大火烧开后将全部食材一同倒入锅中。

③ 煮至米粒糊化成粥状时，加入适量的冰糖，搅拌均匀后，倒入碗中，即可食用。

● 养生提示

此款百合薏米粥具有安神静心、润肺除燥的功效，同时也可起到一定的美容瘦身、防癌抗癌功效。

青菜虾仁粥

材料

青菜 50 克　虾仁 30 克　大米 100 克　鸡汤适量　盐适量

做法

① 大米洗净，用清水浸泡 1 小时；青菜洗净，入沸水快速焯一下，切小段；虾仁去虾线，洗净，入沸水焯一下。

② 在锅内注入适量的鸡汤和清水，大火烧开后将大米倒入锅中，边煮边翻搅。

③ 煮开后，转小火继续煮至黏稠状，倒入虾仁、青菜同煮片刻，再加入盐，即可食用。

● 养生提示

此款青菜虾仁粥味道鲜美，营养搭配均衡，经常食用可提高机体免疫力。

强身健体、
补肾壮阳

干贝海带粥

材料

干贝 30 克　海带 60 克　胡萝卜 30 克　大米 100 克　葱花适量　生姜末适量　盐适量

做法

① 大米洗净，用清水浸泡 1 小时；海带洗净，切段；干贝洗净，用温水浸泡 2 小时后，切成碎末；胡萝卜洗净，切片。

② 在锅中注入适量的凉水，大火烧开后，倒入大米，边煮边翻搅，待米煮开后，转小火慢慢熬煮。

③ 待粥煮至八成熟时，倒入干贝碎、海带段、胡萝卜片、生姜末同煮，至粥成时加入适量的盐，撒上葱花即可食用。

● 养生提示

干贝富含蛋白质、矿物质等营养成分，而海带、胡萝卜含有多种维生素，三者搭配而成的粥具有强化身体免疫系统的功能。

强身健体、补充营养

皮蛋瘦肉粥

材料

皮蛋 1 个　猪瘦肉 50 克　大米 100 克　葱花适量　胡椒粉适量　盐适量

做法

① 大米洗净，用清水浸泡 1 小时；皮蛋去壳，洗净后切成碎丁；猪瘦肉洗净，入沸水煮熟后，撕成细肉丝。

② 在锅内注入适量的凉水，大火烧开后，将全部食材一同倒入锅中，边煮边翻搅。

③ 煮开后，转小火继续慢慢熬煮，煮至米粒糊化成粥状时，加入适量的盐、胡椒粉，搅拌均匀后，撒上葱花即可食用。

• 养生提示

此款皮蛋瘦肉粥具有增进食欲、滋阴养血、清除烦热、止泻降压的功效。

滋阴养颜，
清热消炎

第五章
增强体质
——米糊、豆浆、杂粮粥

消除疲劳

　　随着生活节奏的加快以及空气、噪声等环境污染的加重，越来越多的人出现了易疲劳的亚健康症状。而疲劳是身体综合素质降低的表现，更是身体给我们健康发出的警示。当身体出现这一状况时，就意味着该为身体补充适量的营养，让其重新焕发活力了。

●饮食建议 低糖☑　维生素 C ☑　B 族维生素 ☑　蛋白质☑
　　　　　　高脂☒　吸烟☒　咖啡☒　浓巧克力☒

●推荐食物

菠菜		彩椒	
橙子		豆制品	
坚果		黑豆	
鸡蛋		圆白菜	
牛奶		瘦肉	
番茄		猪肝	

黄豆薏米糊

材料

黄豆 50 克　薏米 20 克　腰果 15 克　莲子 15 克　白糖适量

做法

① 黄豆洗净，用清水浸泡 6 ~ 8 小时；薏米洗净，用清水浸泡 4 小时；腰果、莲子用温水泡开，莲子去芯去衣。

② 将以上食材全部倒入豆浆机中，加水至上、下水位线之间，按下"米糊"键。

③ 米糊煮后，豆浆机会提示做好；倒入碗中，加入适量的白糖，即可食用。

● 养生提示

此款薏米糊中特地加入了腰果和莲子，在增强体力之外还可起到补肾强心的功效。

增强体力
消除疲劳

提神抗
疲劳

果香黄豆米糊

材料

大米 50 克　黄豆 30 克　橙子 1 个　苹果 1 个　白糖适量

做法

① 大米洗净，用清水浸泡 2 小时；黄豆洗净，用清水浸泡 6 ~ 8 小时；橙子去皮，掰瓣；苹果洗净，去皮，去核，切成小块。

② 将以上食材全部倒入豆浆机中，加水至上、下水位线之间，按下"米糊"键。

③ 米糊煮好后，豆浆机会提示做好；倒入碗中，再加入适量的白糖，即可食用。

● 养生提示

此款黄豆米糊富含鲜果维生素 C 等营养成分，有助于恢复身体体力。

腰果花生豆浆

材料

腰果 20 克 花生仁 20 克 杏仁 10 克 黄豆 60 克 白糖适量

做法

① 黄豆洗净，用清水浸泡 6～8 小时；腰果、花生仁、杏仁分别用温水泡开。

② 将以上食材全部倒入豆浆机中，加水至上、下水位线之间，按下"豆浆"键。

③ 待豆浆机提示豆浆做好后，倒出过滤，再加入适量的白糖，即可饮用。

● 养生提示

此款豆浆添加了花生仁、腰果、杏仁，具有补充蛋白质、维生素 E、B 族维生素等营养元素的功效，同时也可起到缓解疲劳的作用。

缓解身体疲劳

黑豆桂圆粥

材料

黑豆 50 克 桂圆 20 克 大米 100 克 白糖适量

做法

① 大米、黑豆分别洗净，大米用清水浸泡 1 小时；黑豆用清水浸泡 4 小时；桂圆肉用温水泡开。

② 在锅内注入适量的凉水，大火烧开后将全部食材一同倒入锅中，边煮边翻搅。

③ 煮开后，转小火熬煮，煮至米粒成粥时，加入白糖，搅拌均匀后，即可食用。

● 养生提示

黑豆具有助补肾强肾、强壮筋骨的功效；桂圆可活血补血，经常食用此款黑豆桂圆粥有助于增强体质。

补充体力

牛奶大米粥

材料

牛奶 200 毫升

大米 100 克

白糖适量

● 养生提示

　　此款牛奶大米粥奶香浓郁，具有宁心安神、安抚情绪、稳定睡眠功效，从而起到缓解疲劳的作用。

做法

1 大米洗净，大米用清水浸泡 1 小时。

2 在锅内注入适量的凉水，大火烧开后将浸泡好的大米倒入锅中，边煮边翻搅。

3 煮开后，加入牛奶转小火继续慢慢熬煮，煮至米粒糊化成粥状时，加入适量的白糖，搅拌均匀后，倒入碗中，即可食用。

缓解疲劳

防辐射

各种家电和现代通信设施给我们带来了快捷、舒适的生活，然而也使得人体暴露在众多辐射中。长久的辐射对人体细胞伤害极大，容易使人出现头痛、乏力、记忆力衰退、心律失常等现象。我们要通过什么样的手段才能避开辐射呢？是不是只有远离辐射源才是解决的办法呢？以下推荐几种豆浆、米糊、杂粮粥为您解决困扰您已久的问题。

● 饮食建议　高蛋白 ☑　维生素 C ☑　维生素 A ☑　茶多酚 ☑　维生素 K ☑
　　　　　　碳酸饮料 ☒　油炸食物 ☒　熏烤食物 ☒　腌渍食物 ☒

● 推荐食物

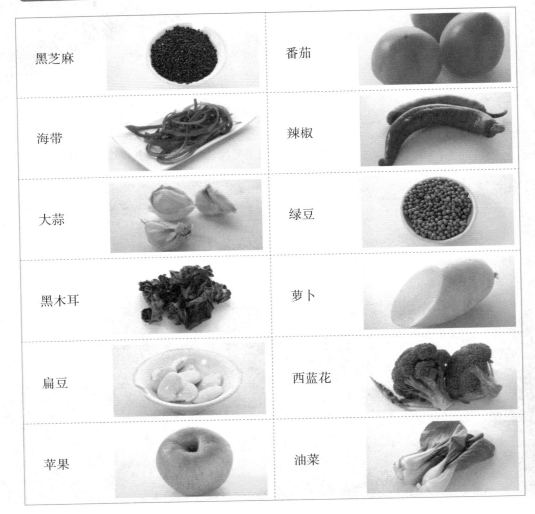

黑芝麻		番茄	
海带		辣椒	
大蒜		绿豆	
黑木耳		萝卜	
扁豆		西蓝花	
苹果		油菜	

海带豆香米糊

材料

大米50克　海带15克　黄豆20克　葱花适量　盐适量

做法

❶ 黄豆洗净，用清水浸泡6～8小时；大米洗净，用清水浸泡2小时；海带洗净，切成小段。

❷ 将以上食材全部倒入豆浆机中，加水至上、下水位线之间，按下"米糊"键。

❸ 米糊煮好后，豆浆机会提示做好，倒入碗中，加入适量的盐，撒上葱花，即可食用。

◀ 养生提示

　　此款海带豆香米糊有助于抵抗辐射，同时对高血压、高血脂、咽炎、暑热也有一定的防治作用。

提高机体对辐射的耐受性

芝麻海带米糊

材料

大米50克　　海带20克　黑芝麻20克　盐适量

做法

❶ 大米洗净，用清水浸泡2小时；海带洗净，切成小段；黑芝麻用清水淘洗净，控干。

❷ 将以上食材全部倒入豆浆机中，加水至上、下水位线之间，按下"米糊"键。

❸ 米糊煮好后，豆浆机会提示做好，倒入碗中，加入适量的盐，即可食用。

◀ 养生提示

　　此款芝麻海带米糊中，黑芝麻中的硒元素有助于防辐射，而海带则可起到促进放射性物质排出的作用。

抑制免疫细胞死亡

防辐射

绿豆海带豆浆

材料

绿豆 30 克　　海带 15 克　　黄豆 50 克　　盐适量

做法

❶ 黄豆、绿豆分别洗净，用清水浸泡 6 ~ 8 小时；海带洗净，切碎。

❷ 将以上食材全部倒入豆浆机中，加水至上、下水位线之间，按下"豆浆"键。

❸ 待豆浆好后，豆浆机会提示做好，倒出过滤，加入适量的盐，即可食用。

● 养生提示

此款绿豆海带豆浆可以提高机体对辐射的耐受性。

香菇芦笋粥

材料

香菇 5 朵　芦笋 50 克　大米 100 克　葱花适量　盐适量

做法

❶ 大米洗净，用清水浸泡 1 小时；香菇用温水泡发，去蒂，洗净，切片；芦笋洗净，切成长片。

❷ 注水入锅，大火烧开后下米边煮边翻搅，待米煮开后，转小火继续熬煮半小时后，下香菇片、芦笋片，待全部食材烂熟后，加盐调味，即可食用。

● 养生提示

此款香菇芦笋粥具有抗辐射的作用，有助于细胞正常化，适合常接触辐射源者食用。

抗辐射

田园蔬菜粥

材料

大米100克　胡萝卜30克　香菇5朵　西蓝花30克　香菜2根　盐适量

做法

① 大米洗净，用清水浸泡1小时；胡萝卜洗净，切丁；香菇用温水泡发，去蒂，洗净，切片；西蓝花洗净，掰成小朵；香菜洗净，切末。

② 注水入锅，大火烧开后下大米搅拌翻煮，待米煮开后，转小火继续煮半小时。

③ 下胡萝卜丁、香菇片、西蓝花，同煮至全部食材熟烂后，加入适量的盐，撒上香菜末，即可食用。

◆ 养生提示

　　此款大米蔬菜粥中的胡萝卜、西蓝花、香菇能具有对抗电脑等多种辐射的作用，同时对缓解用眼疲劳也有帮助。

抗辐射

增强免疫力

　　免疫力是人体自身抵御疾病能力强弱的能力，免疫力低的人平时容易感到疲惫、不思饮食、精力不集中、睡眠不深等，且容易生病。所以，免疫力弱的人在饮食方面应尽量保证营养均衡摄入、荤素搭配，同时也要注意经常锻炼、劳逸结合等。

•饮食建议 优质蛋白☑ 绿叶蔬菜☑ 维生素 E ☑ 胡萝卜素☑
　　　　　　烟酒☒ 油腻食物☒ 甜食☒ 快餐☒

•推荐食物

银耳		百合	
豆制品		鸡汤	
牛肉		酸奶	
红薯		茶	
生姜		海白菜	
虾仁		动物肝脏	

大米糙米糊

材料

大米 40 克　糙米 40 克　黑芝麻 10 克　红枣 5 个　白糖适量

做法

① 大米、糙米分别洗净，用清水浸泡 2 小时；黑芝麻清水洗净，控干；红枣用温水泡开，去核。

② 将以上食材全部倒入豆浆机中，加水至上、下水位线之间，按下"米糊"键。

③ 米糊煮好后，豆浆机会提示做好，倒入碗中，加入适量的白糖，即可食用。

增强体质

● 养生提示

此款米糊在加入糙米的基础上，又添加了黑芝麻、红枣，可起到补益五脏、增强体质的作用。

提高免疫力

黑木耳薏米糊

材料

薏米 50 克　黑木耳 10 克　红豆 20 克　红枣 3 个　白糖适量

做法

① 红豆洗净，用清水浸泡 6 ~ 8 小时；薏米洗净，用清水浸泡 2 小时；黑木耳用温水泡发、洗净，去蒂；红枣用温水泡开，去核。

② 将以上食材全部倒入豆浆机中，加水至上、下水位线之间，按下"米糊"键。

③ 米糊煮好后，豆浆机会提示做好，倒入碗中，加入适量的白糖，即可食用。

● 养生提示

此款米糊具有养血补血的功效，有助于维护血管韧度及防治贫血。

调节肠道、
强身健体

燕麦芝麻糯米豆浆

材料

生燕麦片 30 克　黑芝麻 20 克　黄豆 50 克　白糖适量

做法

① 黄豆洗净，用清水浸泡 6 ~ 8 小时；黑芝麻、生燕麦片分别洗净，控干备用。

② 将以上食材全部倒入豆浆机中，加水至上、下水位线之间，按下"豆浆"键。

③ 待豆浆机提示豆浆做好后，倒出过滤，再加入适量的白糖，即可饮用。

● 养生提示

此款燕麦芝麻糯米豆浆能调节肠道功能，增强肠胃吸收能力，从而提高身体免疫力。

小麦核桃红枣豆浆

材料

小麦仁 20 克　核桃仁 10 克　红枣 5 个　黄豆 50 克　白糖适量

做法

① 黄豆、小麦仁洗净，用清水浸泡 6 ~ 8 小时；核桃仁、红枣用温水泡开；红枣去核。

② 将以上食材全部倒入豆浆机中，加水至上、下水位线之间，按下"豆浆"键。

③ 待豆浆机提示豆浆做好后，倒出过滤，再加入适量的白糖，即可饮用。

● 养生提示

此款小麦核桃红枣豆浆具有强肾健脑、补气养血的功效，经常饮用有助于增强体质、抵抗衰老。

增强体质、
抗衰老

生姜羊肉粥

材料

 大米100克　 羊肉50克　 生姜末适量　 葱花适量　 盐适量　 料酒适量

做法

① 大米洗净，用清水浸泡1小时；羊肉煮熟后，切成小丁。

② 注水入锅，大火烧开后，倒入大米，边煮边翻搅。

③ 同时炒锅点火，入油烧热后倒入葱花、生姜末爆香，下羊肉丁，加适量的料酒翻炒入味后，倒入大米粥中，同煮至粥状时，加入适量的盐调味，倒入碗中，即可食用。

● 养生提示

　　此款粥中羊肉具有补虚壮阳的功效，再加上生姜、葱花散寒助阳的作用，适宜冬季作为强身食疗食品食用。

增强体质

补益脾胃

　　脾胃是后天运化之本，只有脾胃好了，才能有效吸收各种食物的营养，为身体活动提供有力的保障。然而脾胃不和的人或者厌食的人，无法做到正常吸收。这类人要想改善身体状况，除了注意三餐合理搭配，节制饮食，不过饥、不暴食，不吃过热或过冷的食物外，同时还可适当增加豆浆、米糊、杂粮粥，尤其是粥在饮食中的比重。

● **饮食建议** 优质蛋白☑ 膳食纤维素☑ 维生素☑ 软烂易消化食物☑
　　　　　　 辛辣食物☒ 油腻食物☒ 冰镇饮料☒ 西瓜☒

● **推荐食物**

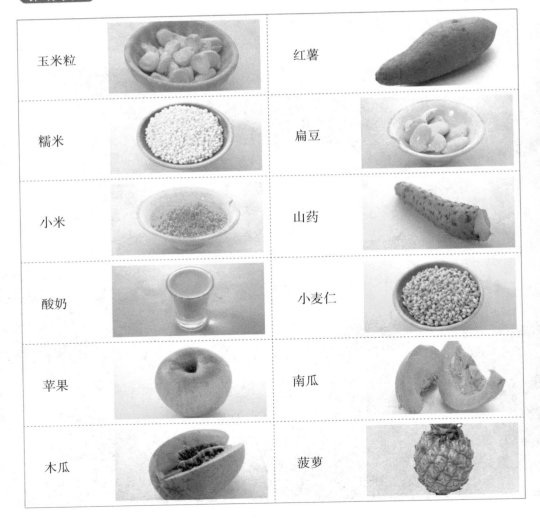

玉米粒		红薯	
糯米		扁豆	
小米		山药	
酸奶		小麦仁	
苹果		南瓜	
木瓜		菠萝	

糯米糊

材料

糯米 70 克　　大米 30 克　　白糖适量

做法

① 大米洗净，用清水浸泡 2 小时；糯米洗净，用清水浸泡 4 小时。

② 将以上食材全部倒入豆浆机中，加水至上、下水位线之间，按下"米糊"键。

③ 米糊煮好后，豆浆机会提示做好，倒入碗中，加入适量的白糖，即可食用。

● 养生提示

此款糯米糊清淡软糯，口感香甜，可起到辅助治疗胃寒性腹泻的作用，尤其适宜胃虚、胃寒者食用。

和胃健脾

扁豆小米糊

材料

小米 70 克　　大米 20 克　　扁豆 15 克　　盐适量

做法

① 小米、大米分别洗净，用清水浸泡 2 小时；扁豆洗净，去筋，切成小片。

② 将以上食材全部倒入豆浆机中，加水至上、下水位线之间，按下"米糊"键。

③ 米糊煮好后，豆浆机会提示做好；倒入碗中，加入适量的盐，即可食用。

● 养生提示

扁豆可起到辅助治疗脾胃虚弱的作用；小米、大米却具有补益脾胃的功效，三者同熬为粥可起到很好的养胃作用。

促进食欲、健脾养胃

糯米黄米豆浆

材料

糯米 30 克　　黄米 20 克　　黄豆 50 克　　白糖适量

做法

① 黄豆洗净，用清水浸泡 6 ~ 8 小时；糯米、黄米洗净，用清水浸泡 4 小时。

② 将以上食材全部倒入豆浆机中，加水至上、下水位线之间，按下"豆浆"键。

③ 待豆浆机提示豆浆做好后，倒出过滤，再加入适量的白糖，即可饮用。

• 养生提示

此款糯米红豆豆浆具有暖胃功效，同时还有一定的止泻作用，因此患有便秘者不宜饮用。

红薯山药糯米粥

材料

红薯 30 克　山药 20 克　黄豆 20 克　糯米 70 克　白糖适量

做法

① 糯米、黄豆分别洗净，用清水浸泡 4 小时；红薯、山药分别去皮、洗净，切成小块。

② 注水入锅，大火烧开，下黄豆煮至滚沸后加入糯米、红薯、山药同煮，边煮边搅拌。

③ 待米再次煮开后，转小火继续慢熬至粥软黏稠，加入适量的白糖调味，即可食用。

• 养生提示

此款红薯山药糯米粥，具有滋补脾胃、增强胃动力及促进肠道运动的功效，尤其适宜脾胃虚弱者食用。

小米红豆粥

材料

小米 50 克　红豆 50 克　大米 100 克　白糖适量

● **养生提示**

此款小米红豆粥具有利水消肿、清热解毒、健胃消食的功效，适宜胃热者食用。

做法

① 大米、小米、红豆分别洗净，大米、小米用清水浸泡 1 小时；红豆用清水浸泡 4 小时。

② 注水入锅，大火烧开后将大米、小米和红豆一起倒入，边煮边翻搅。

③ 煮开后，转小火慢慢熬煮至米烂粥成，再加入适量的白糖，搅拌均匀后，倒入碗中，即可食用。

辅助治疗
脾胃虚热

健脾养胃

糯米鲫鱼粥

材料

糯米 60 克　　鲫鱼 1 条　　葱白适量　　生姜适量　　精盐 5 克

做法

① 将鲫鱼去鳞、鳃及内脏，清洗干净；糯米洗净用水泡 1 小时左右。

② 将鲫鱼和糯米一起放入锅中，加入适量的水，大火烧沸后改用小火煨至烂熟。

③ 生姜和葱白切成碎末，加入锅内，注意姜的放入量不要太多，3 ~ 5 克为宜，煮沸 5 分钟。

④ 加入藕粉、精盐，搅拌，稍煮即成。

• 养生提示

　　此粥补中益气，健脾和胃，对胃炎有防治功效。

糯米香芹粥

材料

糯米 150 克　　香芹 1 小把

做法

① 糯米洗净、浸泡 1 小时左右，香芹洗净切成小段。

② 在锅内加入适量清水，放入糯米，大火煮沸后改用小火继续煮至米粒软烂。

③ 加入香芹段，搅拌，大火煮沸后即可食用。

• 养生提示

　　此粥具有清热平肝、健胃通气、清凉消肿，清新口气的效果。

温中健胃

高粱米花生仁粥

材料

高粱米 100 克　　花生仁 50 克　　冰糖适量

做法

① 高粱米洗净，沥水，备用；花生仁洗净、控干水分，放在烤箱内烤熟，取出脱皮，用刀用力压碎。

② 锅中加入适量水，大火烧开，加入高粱米，大火烧开，转小火煮至米烂开花。

③ 加入压碎的烤花生，继续煮 10 分钟左右，加入适量冰糖，煮至冰糖溶化，即可食用。

• 养生提示

此粥甜香可口，具有补血益气、健脾养胃的功效。

补中益气

高粱米紫薯粥

材料

高粱米 50 克　　紫薯 150 克

做法

① 高粱米洗净、浸泡 1 小时左右；紫薯上锅蒸熟，剥皮、在碗内捣成泥。

② 锅置火上，加入适量的清水，放入高粱米，大火煮至锅开后，改为小火，继续煮 30 分钟左右。

③ 加入紫薯泥，适当搅拌，煮至高粱米软烂即可。

• 养生提示

此粥色泽鲜艳，味道爽口，具有温中养胃、抗氧化等作用。

健脾和胃

宁心安神

过快的生活节奏和过重的生活压力常常导致现代人出现心神不宁、心悸失眠、精神倦怠、脾气暴躁等症状。研究证实这些症状除与环境有关外，和饮食也密不可分。同时，中医认为少油、少盐、低脂的饮食方式可有效改善以上症状，同时保持平静、乐观、豁达的心境也可起到重要作用。

●饮食建议 豆类☑ 谷类☑ 红色食物☑ 膳食纤维☑
浓茶☒ 浓咖啡☒ 高脂☒ 高盐☒ 高胆固醇☒

●推荐食物

黑芝麻		蜂蜜	
桂圆		花生仁	
莲子		山楂	
芹菜		木耳	
鱼类		菠菜	
洋葱		苦瓜	

牛奶燕麦粥

材料

牛奶 200 毫升

燕麦 100 克

白糖适量

做法

① 燕麦洗净，用清水浸泡 1 小时。

② 注水入锅，大火烧开后，将浸泡好的燕麦片倒入锅中，边煮边搅拌。

③ 煮开后，加入牛奶转小火继续慢慢熬煮至粥成，再加入适量的白糖，搅拌均匀，倒入碗中，即可食用。

● 养生提示

牛奶可安抚情绪；燕麦可通便排毒，二者煮粥食用可起到安神助眠的功效。

清热通便、镇静安神

养心护心

银耳莲子米糊

材料

大米 50 克

银耳 15 克

莲子 10 克

百合 10 克

红枣 3 个　　白糖适量

做法

① 大米用清水浸泡 2 小时；其余材料用温水泡发；银耳去蒂，莲子去芯去衣，红枣去核。

② 将食材倒入豆浆机中，加好水后，按下"米糊"键，米糊煮好后，加入白糖即可。

● 养生提示

此款米糊有清热解毒的功效，经常食用还能起到美容润肤的作用。

红豆百合豆浆

材料

红豆 30 克　　百合 20 克　　黄豆 50 克　　白糖适量

做法

❶ 黄豆、红豆分别洗净，用清水浸泡 6 ~ 8 小时；枸杞用温水泡开。

❷ 将以上食材全部倒入豆浆机中，加水至上、下水位线之间，按下"豆浆"键。

❸ 待豆浆煮好后，豆浆机会提示做好，倒出过滤，再加入适量的白糖，即可饮用。

● 养生提示

此款红豆百合豆浆中红豆具有护心功效，百合可安养心神，二者搭配饮用可起到清心安神的作用。

护心养心

小米红枣豆浆

材料

小米 50 克　　红枣 10 个　　黄豆 50 克　　糖适量

做法

❶ 黄豆、小米分别洗净，黄豆用清水浸泡 6 ~ 8 小时，小米用清水浸泡 4 小时，红枣用温水泡开。

❷ 将以上食材全部倒入豆浆机中，加水至上、下水位线之间，按下"豆浆"键。

❸ 待豆浆煮好后，豆浆机会提示做好，倒出过滤，再加入适量的白糖，即可饮用。

● 养生提示

小米具有和胃益肾的功效；红枣、牛奶具有补血补虚、安神宁心的功效，三者搭配煮粥尤其适宜过劳虚损、病后产后体虚者食用。

养心安神

红枣燕麦糙米糊

材料

糙米 50 克　生燕麦片 30 克　红枣 5 个　　莲子 10 克　　枸杞 5 克　　白糖适量

做法

① 糙米洗净，用清水浸泡 4 小时；生燕麦片洗净，控干；红枣、莲子、枸杞用温水泡开；红枣去核，莲子去芯去衣。

② 将以上食材全部倒入豆浆机中，加水至上、下水位线之间，按下"米糊"键。

③ 米糊煮好后，豆浆机会提示做好，倒入碗中，加入适量的白糖，即可食用。

● 养生提示

　　此款红枣燕麦糙米糊特地加了莲子、枸杞，除滋补身体外，还具有养血活血、安神宁心的功效。

补血养心

黑米莲子粥

材料

 黑米 150 克　　 莲子 30 克　　 冰糖适量

● 养生提示

此粥软烂清香，粥稠味甜，非常适合孕妇、老人、病后体虚者食用，健康人食之可增强防病能力。

做法

① 黑米和莲子分别洗净，浸泡三四个小时左右。

② 锅置火上，放入适量的水，将泡好的黑米和莲子一起放入锅中，先大火煮开，再小火慢慢熬熟。

③ 煮至粥将成时，加入冰糖调味，就可食用了。

滋阴养心、
补肾健脾

高粱米羊肉萝卜粥

材料

高粱 150 克　羊肉 500 克　白萝卜 50 克　姜适量　大葱适量　盐适量　香油适量　橘皮适量

做法

① 高粱米洗净，备用；羊肉洗净、切薄片；白萝卜洗净、切丁，备用；橘皮、大葱、姜分别洗净、切末备用。

② 将准备好的羊肉汤倒入锅中，接着放入羊肉片、橘皮末和适量的黄酒以及五香粉，大火煮开后，改为小火煮至羊肉碎烂。

③ 加入高粱米和白萝卜丁，一同煮成粥。

④ 出锅前加入葱末、姜末、食盐和香油调味，关火，即可食用。

养生提示

此粥具有补中益气，安心止惊，开胃消谷的功效。

宁神安心

71

祛除湿热

外部环境潮湿或嗜酒、过食生冷以致脾胃失调，都会导致湿邪侵身，引起胸闷、小便不利等症状。除了食用祛除湿热的药物外，还应养成良好的生活习惯，忌食咸、辣味，多吃健脾、温补脾胃的食物。

·饮食建议 性味甘甜食品☑ 低盐☑ 低油☑ 少辣☑
性味偏酸食品☒ 榴梿☒ 酒☒ 寒性食物☒

·推荐食物

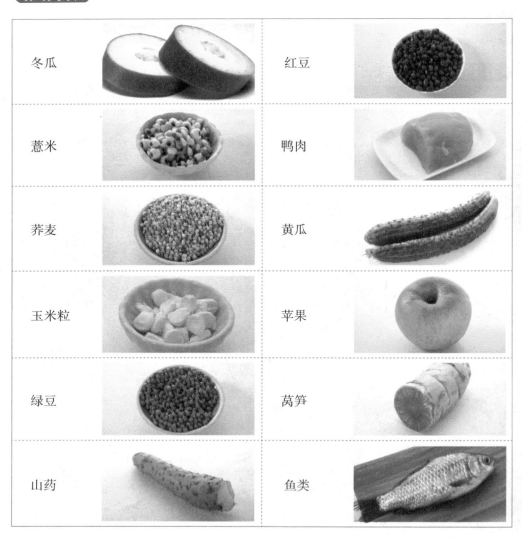

冬瓜		红豆	
薏米		鸭肉	
荞麦		黄瓜	
玉米粒		苹果	
绿豆		莴笋	
山药		鱼类	

荞麦米糊

材料

荞麦 70 克

大米 30 克

盐适量

做法

① 荞麦洗净，用清水浸泡 4 小时；大米洗净，用清水浸泡 2 小时。

② 将以上食材全部倒入豆浆机中，加水至上、下水位线之间，按下"米糊"键。

③ 米糊煮好后，豆浆机会提示做好，倒入碗中，加入适量的盐，即可食用。

● 养生提示

　　此款荞麦粥具有凉血、除湿热、降低胆固醇的作用，可作为高血压、高脂血症、糖尿病人的辅助食疗食品。

凉血、除湿热

红豆米糊

材料

大米 60 克

红豆 30 克

陈皮 3 克

白糖适量

做法

① 红豆洗净，用清水浸泡 6 ~ 8 小时；大米洗净，用清水浸泡 2 小时；陈皮用温水泡软。

② 将以上食材全部倒入豆浆机中，加水至上、下水位线之间，按下"米糊"键。

③ 米糊煮好后，豆浆机会提示做好；倒入碗中，加入适量的白糖，即可食用。

● 养生提示

　　红豆具有利水除湿、消肿解毒的功效，适宜患有水肿、脚气者食用。

清热除湿

山药薏米豆浆

材料

山药 20 克

薏米 30 克

黄豆 50 克

白糖适量

做法

① 黄豆洗净，用清水浸泡 6～8 小时；薏米洗净，用清水浸泡 4 小时；山药去皮、洗净，切丁。

② 将以上食材全部倒入豆浆机中，加水至上、下水位线之间，按下"豆浆"键。

③ 待豆浆煮好后，豆浆机会提示做好，倒出过滤，再加入适量的白糖，即可饮用。

养生提示

薏米是常见的除湿利水食物，尤其适合夏季潮湿时候食用；山药则具有补气、益脾和胃的功效。

益脾、除湿

冬瓜萝卜豆浆

材料

冬瓜 30 克

白萝卜 30 克

黄豆 50 克

白糖适量

做法

① 黄豆洗净，用清水浸泡 6～8 小时；冬瓜、白萝卜分别洗净、去皮，切成小块。

② 将以上食材全部倒入豆浆机中，加水至上、下水位线之间，按下"豆浆"键。

③ 待豆浆煮好后，豆浆机会提示做好，倒出过滤，再加入适量的白糖，即可饮用。

养生提示

此款豆浆中冬瓜具有利水、减肥的功效；白萝卜、黄豆则具有清热解毒的功效。

利湿、清热解毒

海带冬瓜粥

材料

海带 50 克　冬瓜 50 克　大米 100 克　葱花适量　盐适量

做法

① 大米洗净，用清水浸泡 1 小时；海带洗净、切丝；冬瓜去皮去瓤，洗净，切成小块。

② 注水入锅，大火烧开后将大米、海带、冬瓜一齐倒入锅中，边煮边搅拌。

③ 煮开后，转小火继续慢慢熬煮至粥成，再加入适量的盐，撒上葱花，即可食用。

● 养生提示

　　此款粥中的冬瓜和海带都具有除湿利水、止咳化痰的功效，尤其适宜痰湿体质者食用。

化痰、祛湿、清热

清热醒脾、
补脾止泻

莲子薏米粥

材料

薏米 75 克

大米 75 克

莲子 25 克

冰糖 50 克

做法

❶ 将莲子洗净，泡开后剥皮去心；薏米、大米均淘洗干净备用。

❷ 锅内倒入水，放入薏米、大米，烧沸后用小火煮至半熟，再放入莲子。

❸ 待煮至薏米、大米开花发黏，莲子内熟时，加入冰糖搅匀，即可食用。

● 养生提示

　　此粥具有养心安神、健脾补胃、止泻固精、涩精止带的功效。

高粱米薏米车前草粥

材料

高粱米 50 克

薏米 20 克

车前草 15 克

做法

❶ 将高粱米、薏米分别淘洗干净，浸泡 1 小时左右；车前草处理干净，备用。

❷ 煮锅内加入稍多一些清水，大火煮沸后，将三者一起加入。

❸ 大火煮开后，改为小火熬至高粱米软烂，即可食用。

● 养生提示

　　此粥具有益脾涩肠的功效，可用于脾虚湿盛，泻下稀水，小便短少的食疗。

利尿除湿

薏米牛肚粥

材料

薏米100克 牛肚200克 瘦肉50克 生姜3片 食盐适量

做法

① 薏米洗净浸泡3个小时；牛肚用热水浸泡、刮去黑衣、切小块；瘦肉洗净、切小块。

② 锅置火上，加入约2000毫升的清水，将薏米、牛肚块、瘦肉块和生姜片放入锅中。

③ 大火煮开后，改为小火煲约一个半小时，加入适量食盐，稍加搅拌，即可食用。

● 养生提示

此粥有补中益气、益胃生津的功效，尤其适宜于病后体虚、气血不足、营养不良和脾胃薄弱者食用。

清热解毒、健脾利水

利肠胃、消水肿

薏米红豆粥

材料

薏米80克　红豆50克

做法

① 将薏米和红豆分别洗净，放入水中浸泡3个小时左右。

② 在高压锅中放入适量的水，放入浸泡好的薏米和红豆，大火煮开。

③ 高压锅上气后关最小火煲20分钟，关火自然排气即可。

● 养生提示

此粥具有补心、健脾益胃的功效，久服可轻身益气。

滋阴润肺

中医认为"肺主气"，即指整个人体上下表里之气皆为肺所主。若肺虚或肺气不足则易出现咳喘无力、气少懒言、胸闷、自汗、畏风、易感冒、腹胀等症状。因此合理科学的饮食与适当的运动不仅可增强肺部功能，还可以提高对各种肺病的抵抗力，同时又能起到抵抗因环境污染造成的呼吸系统疾病。

●饮食建议 酸甜味水果☑　白色食物☑　清淡食物☑
辛辣☒　生冷☒　吸烟☒　饮酒☒　油腻☒

●推荐食物

百合		雪梨	
银耳		猪肺	
蜂蜜		鸭蛋	
柚子		山楂	
莲子		白果	
杧果		柿子	

百合薏米糊

材料

薏米 80 克　　百合 30 克　　白糖适量

做法

① 薏米洗净，用清水浸泡 4 小时；百合用温水泡开。

② 将以上食材全部倒入豆浆机中，加水至上、下水位线之间，按下"米糊"键。

③ 米糊煮好后，豆浆机会提示做好，倒入碗中，加入适量的白糖，即可食用。

• 养生提示

此款米糊中的百合具有滋阴润肺、止咳祛燥的功效，薏米具有健脾除湿的功效，用二者搭配打磨而成的米糊可起到润肺除湿的作用。

除湿润肺

化痰、清热止咳

双耳萝卜米糊

材料

大米 80 克　木耳 10 克　银耳 10 克　白萝卜 20 克　盐适量

做法

① 大米洗净，用清水浸泡 2 小时；木耳、银耳分别泡发，去蒂；萝卜洗净，去皮，切成小块。

② 将以上食材全部倒入豆浆机中，加水至上、下水位线之间，按下"米糊"键。

③ 米糊煮好后，豆浆会机提示做好，倒入碗中，加入适量的盐，即可食用。

• 养生提示

这款双耳萝卜米糊具有化痰、清肺热的功效，尤其适合秋冬季节食用。同时，除清肺热外还可起到滋阴、补肾、美容的功效。

百合莲子豆浆

材料

百合 20 克　莲子 15 克　黄豆 60 克　蜂蜜适量

做法

① 黄豆洗净，用清水浸泡 6 ~ 8 小时；百合、莲子分别用温水泡开；百合去芯去衣。

② 将以上食材全部倒入豆浆机中，加水至上、下水位线之间，按下"豆浆"键。

③ 待豆浆煮好后，豆浆机会提示做好，倒出过滤，加入适量的蜂蜜，即可饮用。

● 养生提示

黄豆浆具有滋阴润肺的功效，再搭配百合、莲子，可起到止咳、清火、宁心、安眠的作用。

（滋阴润肺、止咳）

银耳大米粥

材料

银耳 2 朵　百合 10 克　大米 100 克　冰糖适量

做法

① 大米洗净，用清水浸泡 1 小时；银耳、干百合分别用温水泡开，银耳去蒂，撕小朵。

② 注水入锅，大火烧开后将所有食材一齐倒入锅中，边煮边搅拌。

③ 煮开后，转小火继续慢慢熬煮至粥成，加入适量的冰糖，搅拌均匀后，倒入碗中，即可食用。

● 养生提示

银耳、百合皆是润肺佳品，二者与大米同煮为粥，尤其适宜润燥咳嗽者食用，同时也可收到润肤美容的功效。

（润肺止咳）

桑葚枸杞子红枣粥

材料

大米 100 克　桑葚 10 克　枸杞子 5 克　红枣 5 个

做法

① 将枸杞子、桑葚洗净，红枣洗净、去核、对半切开，大米淘洗好浸水备用。

② 将材料都放入锅中一起煮，熟后用糖调味即可。

• 养生提示

食用此粥可滋补肝肾，健脾胃，消除眼部疲劳，增强体质。

滋阴养血

黄米苹果葡萄粥

材料

 黄米 100 克　 苹果半个　 葡萄干 20 粒　 冰糖适量

做法

① 黄米洗净；葡萄干洗净、沥干水分；苹果去皮、去核，洗净、切块，泡入水中防氧化。

② 锅中加入适量的水，放入黄米，大火烧开后，改小火慢熬。

③ 熬出米香，依次加入葡萄干、苹果块、冰糖，继续熬 15 分钟即可。

◆ 养生提示

此款粥味道清新，营养丰富，热量低，具有益阴、利肺、利大肠之功效。

滋阴润燥

百合莲子红豆粥

材料

百合 10 克　　莲子 25 克　　糯米 50 克　　红豆 50 克　　冰糖适量

做法

① 大米、红豆分别洗净，大米用清水浸泡 1 小时，红豆用清水浸泡 4 小时；百合、莲子分别用温水泡开，莲子去衣。

② 注水入锅，大火烧开后下红豆煮至滚沸，再将其他食材一齐倒入锅中，边煮边搅拌。

③ 煮开后，转小火继续慢慢熬煮至粥成，加入适量的冰糖，搅拌均匀后，倒入碗中，即可食用。

• 养生提示

　　此款百合莲子红豆粥，不仅可以起到滋阴润肺、安养心神的作用，经常食用对调养气血、补益虚损也很有好处。

滋阴润肺，
安心养神

养肝补血

中医认为"肝主藏血"，即肝脏具有贮藏、收摄血液，调节血量之功。若先天不足或后天机体损伤形成肝血不足的症候，则易出现眼干眼涩、视物不明、眩晕、耳鸣、面色苍白或萎黄、多梦、妇女少经或闭经等症状。肝血不足的人宜多食用肝脏类食物，但不宜一次食用过多，否则易造成消化器官功能的紊乱。

●**饮食建议** 动物肝脏☑ 青色食物☑ 红色食物☑ 含铁食物☑
熏制食物☒ 吸烟☒ 饮酒☒ 辛辣☒ 油腻☒

●**推荐食物**

菠菜		海带	
木耳		鸭血	
红枣		红豆	
葡萄		桂圆	
猪肝		猕猴桃	
花生仁		玫瑰花	

🍵 鸡肝米糊

材料

 大米100克　 鸡肝3个　 葱花适量　 盐适量

做法

❶ 大米洗净，用清水浸泡2小时；鸡肝洗净，切成小片，入沸水焯至变色。

❷ 将以上食材全部倒入豆浆机中，加水至上、下水位线之间，按下"米糊"键。

❸ 米糊煮好后，豆浆机会提示做好；倒入碗中，加入适量的盐，撒上葱花，即可食用。

▶ 养生提示

此款鸡肝米糊中不仅具有养肝补肝的功效，且对于因肝脏原因导致的视力低下也有一定的调节作用。

补益肝肾

养肝补血

🍵 鸭血小米糊

材料

 小米80克　 鸭血30克　 盐适量

做法

❶ 小米洗净，清水浸泡2小时；鸭血切成小块后，用温水浸泡10分钟。

❷ 将以上食材全部倒入豆浆机中，加水至上、下水位线之间，按下"米糊"键。

❸ 米糊煮好后，豆浆机会提示做好，倒入碗中，加入适量的盐，即可食用。

▶ 养生提示

此款鸭血小米糊具有活血补血、滋阴养肝的功效，不仅适合肝病患者食用，同时也适合常头晕目眩、心悸者食用。

花生红枣豆浆

材料

花生仁 30 克　　红枣 10 个　　黄豆 50 克　　白糖适量

做法

① 黄豆洗净，用清水浸泡 6 ~ 8 小时；花生仁、红枣用温水泡开；红枣去核。

② 将以上食材全部倒入豆浆机中，加水至上、下水位线之间，按下"豆浆"键。

③ 待豆浆煮好后，豆浆机会提示做好，倒出过滤，再加入适量的白糖，即可饮用。

● 养生提示

花生红枣豆浆具有补血养颜的功效，尤其适合女性朋友经常饮用。

补血养血

玫瑰花黑豆浆

材料

玫瑰花 5 克　　黑豆 80 克　　白糖适量

做法

① 黑豆洗净，用清水浸泡 6 ~ 8 小时；玫瑰花用温水泡开。

② 将以上食材全部倒入豆浆机中，加水至上、下水位线之间，按下"豆浆"键。

③ 待豆浆机提示豆浆做好后，倒出过滤，再加入适量的白糖，即可饮用。

● 养生提示

玫瑰花具有行气活血的功效；黑豆具有活血利水、补血安神的功效，二者同打为豆浆，补血效果更佳。

行气活血

红豆花生红枣粥

材料

 红豆 50 克   花生 30 克   红枣 10 个   糯米 100 克   红糖适量

做法

① 糯米、红豆分别洗净，糯米用清水浸泡 2 小时，红豆用清水浸泡 4 小时；红枣、花生仁分别用温水泡开，红枣去核。

② 注水入锅，大火烧开后将所有食材倒入锅中，边煮边搅拌。

③ 煮开后，转小火继续慢慢熬煮至粥成，加入适量的红糖，即可食用。

◦ 养生提示

此款糯米粥精心挑选了红豆、花生仁、红枣三种红色补血食材做辅，若能将糯米换为紫米则补益效果更佳。

滋阴补血

清热去火

过食辛辣和情绪焦躁抑郁等都会导致上火，出现面红耳赤、口干咽燥、大便秘结、面红耳赤、心烦燥热等症状。上火者在饮食上首先需要忌食辛辣、刺激性食物，其次应多食凉血清热之品，但应注意过于寒凉之物不宜久食，调理正常后以清淡饮食为主即可。

●饮食建议 凉性食物☑ 少盐☑ 少糖☑ 高纤维素☑
辛辣☒ 烟酒☒ 烧烤☒ 油炸食物☒

●推荐食物

食物	图	食物	图
绿豆		雪梨	
苦瓜		莲子	
菊花		黄瓜	
茶		百合	
西瓜		黄豆	
香蕉		银耳	

红豆小米糊

材料

红豆 40 克　　小米 40 克　　莲子 10 克　　白糖适量

做法

① 红豆用清水浸泡 6 小时；小米洗净，用清水浸泡 2 小时；莲子用温水泡开，去衣留芯。

② 将以上食材全部倒入豆浆机中，加水至上、下水位线之间，按下"米糊"键。

③ 豆浆机提示米糊煮好后，加入白糖，即可食用。

● 养生提示

红豆具有利水、清热解毒的功效；莲子清热效果绝佳，二者与小米同打为米糊，尤其适宜心火过盛者食用。

清热去火

降火安神

绿茶百合绿豆浆

材料

绿茶 10 克　　百合 10 克　　绿豆 80 克　　蜂蜜适量

做法

① 绿豆洗净，用清水浸泡 6～8 小时；百合、绿茶用温水泡开。

② 将以上食材全部倒入豆浆机中，加水至上、下水位线之间，按下"豆浆"键。

③ 待豆浆机提示豆浆做好后，倒出过滤，加入适量的蜂蜜，即可饮用。

● 养生提示

此款绿茶百合绿豆浆偏凉性，具有良好的清热去火功效，尤其适合肝火旺盛者夏季饮用，但孕妇不宜饮用。

黄瓜绿豆豆浆

材料

黄瓜 30 克　　绿豆 20 克　　黄豆 50 克

做法

① 黄豆、绿豆分别洗净，用清水浸泡 6 ~ 8 小时；黄瓜洗净、去皮，切成小块。

② 将以上食材全部倒入豆浆机中，加水至上、下水位线之间，按下"豆浆"键。

③ 待豆浆机提示豆浆做好后，倒出过滤，即可饮用。

● 养生提示

此款黄瓜绿豆豆浆可起到缓解上火症状作用，且性质较为温和，一般人群皆可饮用。

清热、泻火、解毒

菊花绿豆大米粥

材料

菊花 15 克　绿豆 50 克　大米 100 克　冰糖适量

做法

① 大米、绿豆分别洗净，大米用清水浸泡 1 小时，绿豆用清水浸泡 4 小时；菊花用温水泡开。

② 注水入锅，大火烧开后将以上食材全部倒入锅中，边煮边适当翻搅，待煮开后，转小火继续慢慢熬煮至粥成，再加入适量的冰糖，冰糖溶化后，倒入碗中，即可食用。

● 养生提示

此款大米粥中，绿豆具有清火、解毒、利水的功效；菊花可平肝明目，二者同煮粥服食，对肝脏、眼睛都很有好处。

清热解毒、明目

苦瓜大米粥

材料

苦瓜半根

大米100克

冰糖适量

● 养生提示

苦瓜性寒，味苦，与大米同煮为粥对清火解毒有显著疗效，但不宜长久食用，孕妇则应忌服。

做法

1 大米洗净，用清水浸泡1小时；苦瓜洗净，切片。

2 注水入锅，大火烧开后下大米，边煮边适当翻搅。

3 待米煮开后，加入苦瓜片转小火慢慢熬至粥成，再加入适量的冰糖，待冰糖溶化后，倒入碗中，即可食用。

清热去火、解毒

补肾固肾

中医认为，肾乃"先天之本""主藏精"，对人体的生长发育和生殖皆具有重要作用。年老或体弱而导致的肾气衰竭者易出现白发、软骨、齿牙松动、听力减退、大便溏泻、尿多、尿频等症状。一般而言，中老年人多吃一些补肾固肾食品可起到延缓衰老的作用。

• **饮食建议** 性味咸平食物☑ 黑色食物☑ 豆类☑ 动物肾脏☑
　　　　　　　热性食物☒ 辛辣☒ 油炸食物☒ 寒凉食物☒

• **推荐食物**

黑豆		黑米	
虾仁		韭菜	
黑芝麻		猪腰	
鸡肉		香菇	
豇豆		核桃仁	
莲子		板栗	

黑豆黑米糊

材料

黑豆 60 克　　黑米 50 克　　白糖适量

做法

① 黑豆洗净，用清水浸泡 6～8 小时；黑米洗净，用清水浸泡 4 小时。

② 将以上食材全部倒入豆浆机中，加水至上、下水位线之间，按下"米糊"键。

③ 米糊煮好后，豆浆机会提示做好，倒入碗中后，加入适量的白糖，即可食用。

● 养生提示

黑色入肾，一般而言，黑色食物对肾脏皆有良好的补益作用，此款黑豆黑米糊就十分适合肾气虚者食用。

补肾、补气血

温补肾阳

韭菜虾肉米糊

材料

大米 80 克　韭菜 30 克　虾仁 20 克　料酒适量　盐适量

做法

① 大米用清水浸泡 2 小时；韭菜去黄叶，洗净；虾仁去虾线，洗净后用刀面拍松，再用料酒腌渍 15 分钟。

② 将以上食材全部倒入豆浆机中，加水至上、下水位线之间，按下"米糊"键。

③ 豆浆机提示米糊煮好后，加入盐，即可食用。

● 养生提示

虾仁为壮阳补肾佳品，韭菜则具有暖肾的功效，此款米糊尤其适宜肾阳虚者食用。

黑芝麻黑豆浆

材料

黑芝麻 30 克

黑豆 70 克

白糖适量

做法

❶ 黑豆洗净，用清水浸泡 6 ~ 8 小时；黑芝麻洗净，控干。

❷ 将以上食材全部倒入豆浆机中，加水至上、下水位线之间，按下"豆浆"键。

❸ 待豆浆机提示豆浆做好后，倒出过滤，再加入适量的白糖，即可饮用。

● 养生提示

此款黑芝麻黑豆浆具有补肾益气的功效，同时也可辅助治疗腰膝酸软、四肢无力等因肾气虚引起的病症。

补肾益气

木耳黑米粥

材料

木耳 10 克

黑米 100 克

红枣 10 个

白糖适量

做法

❶ 黑米洗净，用清水浸泡 4 小时；木耳用温水泡开，洗净，去蒂，撕碎；红枣用温水泡发，去核。

❷ 注水入锅，大火烧开，将所有食材下锅同煮，边煮边适当翻搅。

❸ 待米煮开后，加入适量的白糖调味，待白糖溶化后，倒入碗中，即可食用。

● 养生提示

木耳、红枣、黑米都具有养血的功效，三者同熬为粥对滋阴补血有着不错的功效。

滋肾养血

山药虾仁粥

材料

山药 70 克

虾仁 30 克

大米 100 克

葱花适量

料酒适量

盐适量

做法

① 大米洗净，用清水浸泡 1 小时；山药去皮，洗净，切成小块；虾仁去虾线，洗净，刀面拍松，加适量料酒腌制 15 分钟。

② 注水入锅，大火烧开后下大米、山药同煮，边煮边适当翻搅。

③ 待米煮开后，转小火继续熬煮至粥八成熟，倒入虾仁同煮至粥全熟后，加入适量的盐，撒上葱花，即可出锅。

● 养生提示

　　虾仁助阳，且富含优质蛋白质，山药可补肾健脾养气，经常食用二者同熬成的粥有助固肾、提高免疫力。

固肾益精

黑米花生大枣粥

滋阴补肾

材料

 黑米 100 克　 大枣 10 个　 花生仁适量　 白糖适量

做法

1. 将黑米洗净，浸泡 3 个小时左右；大枣洗净、去核，对半切开；花生米洗净。

2. 锅置火上，加入适量的清水，将准备好的黑米、大枣、花生米一同放入锅中。

3. 大火煮开后，改为小火熬制，待粥将成时，加入适量白糖，搅拌调味，即可食用。

● 养生提示

此粥具有养血止血，益气活血，补益脾胃，养肝明目，以及补铁、降脂的功效。

玉米山药粥

材料

 鲜玉米粒 150 克　 山药 200 克　 冰糖 10 克

做法

1. 山药洗净，切成小段，上笼蒸熟，剥去外皮；玉米粉用开水调成厚糊。

2. 锅置火上，加入约 2000 毫升的清水，用以大火烧沸。

3. 用筷子将玉米糊慢慢拨入锅中，改为小火熬煮 10 分钟，加入准备好的山药丁，同煮成粥。

4. 加入冰糖调味，即可食用。

● 养生提示

此粥营养丰富，味道鲜美，不仅可养精固元，还可作为胃炎患者的食疗食品。

养精固元

芡实白果粥

材料

 芡实 100 克　 糯米 50 克　 白果 20 克　 盐 6 克

做法

① 将芡实米和糯米分别淘洗干净，放入水中浸泡 3 小时左右；白果洗净。

② 将准备好的 3 种食材一同放入锅内，加入适量的水，大火煮沸后，改为小火慢慢熬制成粥。

③ 放入盐调味，即可食用。

● 养生提示

此粥具有泄浊祛湿的功效，可作为调养脾、肾的食疗方。

固肾补脾

补精固肾

糯米虾仁韭菜粥

材料

 大米 80 克　 韭菜 30 克　 虾仁 20 克　 料酒适量　 盐适量

做法

① 糯米洗净、浸泡 1 小时，韭菜洗净、切为 1 厘米左右的小段，虾仁洗净。

② 在锅内放入适量的清水，放入糯米，大火煮开后用小火继续煮 40 分钟。

③ 放入虾仁，加适量料酒和植物油，中火煮开。

④ 放入切好的韭菜，稍煮两分钟，放入食盐、生抽、鸡精调味即成。

● 养生提示

此粥鲜香可口、营养丰富，可作为补精固肾的食疗佳品。

清肠排毒

很多人由于久坐、少运动、常食用精加工食品等原因，长期下来容易使毒素滞留体内。这些毒素对健康和皮肤都会造成不利影响，如出现精力不济、便秘、易困、懒动少言、皮肤粗糙等亚健康症状。要应对这种情况，除少吃精加工食品外，适当进食一定的粗粮也是很有帮助的。

●饮食建议 维生素 C ☑　维生素 E ☑　高纤维食物 ☑　绿色蔬菜 ☑
　　　　　 精加工食品 ☒　甜食 ☒　油炸食品 ☒　街头小吃 ☒

●推荐食物

红薯		香蕉	
芦笋		蜂蜜	
燕麦		白菜	
柠檬		南瓜	
莲藕		绿豆	
酸奶		薏米	

红薯燕麦米糊

材料

红薯 80 克　生燕麦片 80 克　盐适量

做法

① 红薯洗净、去皮，切成小块；生燕麦片洗净。

② 将以上食材全部倒入豆浆机中，加水至上、下水位线之间，按下"米糊"键。

③ 米糊煮好后，豆浆机会提示做好；倒入碗中后，加入适量的盐，即可食用。

● 养生提示

红薯和燕麦都具有增强肠胃蠕动，促进排便的功能，二者同打为米糊尤其适宜长期便秘者食用。

增强肠胃蠕动

南瓜绿豆豆浆

材料

南瓜 30 克　绿豆 20 克　黄豆 50 克　白糖适量

做法

① 黄豆、绿豆洗净，用清水浸泡 6～8 小时；南瓜洗净，去皮去瓤，切成小块。

② 将以上食材全部倒入豆浆机中，加水至上、下水位线之间，按下"豆浆"键。

③ 待豆浆机提示豆浆做好后，倒出过滤，再加入适量的白糖，即可饮用。

● 养生提示

此款南瓜绿豆豆浆不仅有助于通便，同时还兼具清热解毒的作用，尤其适宜肠燥的便秘者饮用。

润肠通便

薏米燕麦豆浆

材料

薏米 20 克　生燕麦片 30 克　黄豆 50 克　白糖适量

做法

1. 黄豆洗净，用清水浸泡 6 ~ 8 小时；薏米洗净，用清水浸泡 4 小时；生燕麦片洗净，用清水浸泡半小时。

2. 将以上食材全部倒入豆浆机中，加水至上、下水位线之间，按下"豆浆"键。

3. 待豆浆机提示豆浆做好后，倒出过滤，再加入适量的白糖，即可饮用。

缓解老人便秘症状

☕ 松子蜂蜜粥

材料

松子仁 50 克　　大米 50 克　　蜂蜜适量

做法

① 将松子仁研碎，同大米煮粥。

② 粥熟后放入适量蜂蜜调味即可。

• 养生提示

　　此粥可缓解产后体虚、头晕目眩、肺燥咳嗽、慢性便秘等症。

通肠润燥

排毒润肠

☕ 燕麦芋头粥

材料

燕麦 150 克　　芋头 100 克　　蜂蜜适量

做法

① 燕麦、芋头洗净，芋头切小块。

② 锅内加入适量的水，将洗好的燕麦和芋头块一起放入锅中，大火烧开，小火慢煮。

③ 熬成粥后，关火晾凉，加入适量蜂蜜调味即可。

• 养生提示

　　此粥具有润肠通便的功效，还可降低胆固醇和降低身体对脂肪的吸收。

清热排毒

燕麦绿豆粥

材料

燕麦 100 克

绿豆 50 克

做法

① 将燕麦和绿豆分别洗净，将绿豆用清水浸泡 4 小时，备用。

② 在锅中放入 1000 毫升的清水，放入绿豆，大火煮开后改为小火。

③ 加入燕麦一起熬煮，改为中火煮 10 分钟左右，再次改为小火继续煮 20 分钟，即可关火，盛碗食用。

● 养生提示

此粥味道清香，具有润肠通便、清热解毒的功效，尤其适宜便秘或者冠心病病人食用。

燕麦紫菜粥

材料

燕麦 100 克

干紫菜大半片

鸡蛋 1 个

高汤 500 毫升

盐适量

做法

① 将燕麦片洗干净；鸡蛋打散；备用。

② 将高汤放入锅中，大火煮沸，加入紫菜搅拌均匀，再次煮至沸腾。

③ 加入鸡蛋液和燕麦片再次煮开，加入适量的盐，即可食用。

● 养生提示

此粥营养丰富，味道鲜美，有促进肠胃蠕动、提振食欲的功效。

通便润燥

香蕉糯米粥

材料

香蕉 1 根

糯米 100 克

白糖适量

● 养生提示

香蕉无论生食或煮粥都有助于改善便秘，但挑选时应注意选择完全熟透的，否则反而容易加重便秘。

做法

① 糯米洗净，用清水浸泡 4 小时；香蕉去皮，切块。

② 注水入锅，大火烧开后，将浸泡好的糯米倒入锅中，边煮边适当翻搅。

③ 待米煮开后倒入香蕉块同煮至粥成，加入适量的白糖，待白糖溶化后，倒入碗中，即可食用。

适合便秘、痔疮者

芹菜粥

材料

芹菜 50 克

大米 100 克

盐适量

养生提示

芹菜含有大量的食用纤维，经常食用有助于排便或预防结肠癌，同时还可起到缓解高血压、高血脂病情的作用。

做法

① 大米洗净，用清水浸泡 1 小时；芹菜洗净，切成小段。

② 注水入锅，大火烧开，下大米煮至滚沸后转小火继续慢熬半小时。

③ 加入芹菜段同煮至菜熟粥烂，加入适量的盐，待盐溶化后，倒入碗中，即可食用。

平肝降压
有助排便

第六章

养颜塑身
——米糊、豆浆、杂粮粥

美容养颜

美容养颜和饮食有着密切关系，真正懂得美的人散发的光彩一定是由内而外的。要想拥有美丽容颜除生活规律、适当保养、定期运动外，少吃煎炸类、精加工、辛辣类食品，不抽烟、不饮酒，多吃富含维生素、蛋白质和纤维素的食品也具有同样重要的作用。

饮食建议 各类维生素☑ 高纤维☑ 优质蛋白质☑ 清淡饮食☑
高脂肪☒ 烟酒☒ 油炸食品☒ 辛辣刺激食品☒

推荐食物

桂圆		玫瑰花	
红枣		苹果	
菠菜		木瓜	
番茄		西蓝花	
紫薯		鸡肉	
薏米		银耳	

花生桂枣米糊

材料

大米 80 克　花生仁 20 克　桂圆肉 20 克　红枣 5 个　白糖适量

做法

① 大米洗净，用清水浸泡 2 小时；花生仁、桂圆肉、红枣用温水泡开；红枣去核。

② 将以上食材全部倒入豆浆机中，加水至上、下水位线之间，按下"米糊"键。

③ 米糊煮好后，豆浆机会提示做好，倒入碗中后，加入适量的白糖，即可食用。

● 养生提示

桂圆肉具有补气养血的功效，以花生仁、红枣相搭配打为米糊食用，补益效果更佳，经常食用有助于改善气色。

红润肤色

养颜祛斑

雪梨黑豆米糊

材料

大米 60 克　黑豆 50 克　雪梨 1 个　白糖适量

做法

① 大米洗净，用清水浸泡 2 小时；黑豆洗净，用清水浸泡 6～8 小时；雪梨洗净，去皮去核，切成小块。

② 将以上食材全部倒入豆浆机中，加水至上、下水位线之间，按下"米糊"键。

③ 米糊煮好后，豆浆机会提示做好，倒入碗中后，加入适量的白糖，即可食用。

● 养生提示

此款以黑豆、雪梨为主的米糊，具有养肾补血、活血祛斑的功效。

玫瑰花红豆豆浆

材料

玫瑰花 5 克　　红豆 30 克　　黄豆 50 克　　白糖适量

做法

❶ 黄豆、红豆分别洗净，用清水浸泡 6 ～ 8 小时；玫瑰花用温水泡开。

❷ 将以上食材全部倒入豆浆机中，加水至上、下水位线之间，按下"豆浆"键。

❸ 待豆浆机提示豆浆做好后，倒出过滤，再加入适量的白糖，即可饮用。

● 养生提示

　　此款添加了玫瑰花、红豆的豆浆，具有益气补血、活血祛斑的功效，还可起到改善面色苍白、暗黄的作用。

改善暗黄肤色

西芹薏米豆浆

材料

西芹 20 克　薏米 20 克　黄豆 50 克　盐适量　白糖适量

做法

❶ 黄豆洗净，用清水浸泡 6 ～ 8 小时；薏米洗净，用清水浸泡 4 小时；西芹洗净，切碎。

❷ 将以上食材全部倒入豆浆机中，加水至上、下水位线之间，按下"豆浆"键。

❸ 待豆浆机提示豆浆做好，倒出过滤，可按照个人口味加入适量的白糖或盐。

● 养生提示

　　此款西芹薏米豆浆除了具有美白淡斑的功效外，对水肿、肥胖、高血压也有一定辅助治疗作用。

美白淡斑

豆腐薏米粥

材料

豆腐 70 克　薏米 30 克　红枣 10 个　糯米 50 克　白糖适量

做法

❶ 糯米、薏米分别洗净，用清水浸泡 4 小时；豆腐切丁；红枣用温水泡发，去核。

❷ 注水入锅，大火烧开后下糯米、薏米、红枣同煮，同时适当翻搅。

❸ 待米煮开后，倒入豆腐丁同煮 15 分钟，加入白糖，待白糖溶化后，即可食用。

◀ 养生提示

　　此款豆腐薏米粥具有清热解毒、活血行血的功效，尤其适宜内脏燥热者及因燥热而引起青春痘的患者食用。

美容养颜

糯米黑豆豆浆

材料

糯米 30 克　黑豆 50 克　黄豆 20 克　白糖适量

做法

❶ 黄豆、黑豆洗净，用清水浸泡 6～8 小时；糯米洗净，用清水浸泡 4 小时。

❷ 将以上食材全部倒入豆浆机中，加水至上、下水位线之间，按下"豆浆"键。

❸ 待豆浆机提示豆浆做好后，倒出过滤，再加入适量的白糖，即可饮用。

◀ 养生提示

　　此款糯米黑豆豆浆，具有活血补肾、滋阴养颜的功效，经常饮用可起到美肤、润肤、提升气色的作用。

滋补润肤、提升气色

茉莉玫瑰花豆浆

● 养生提示

此款茉莉玫瑰花豆浆不仅具有补水、滋润肌肤的功效，同时还具有行气解郁、补血调经的作用，尤其适宜女性饮用。

材料

茉莉花 5 克　玫瑰花 5 克　黄豆 70 克　白糖适量

做法

1 黄豆洗净，用清水浸泡 6 ~ 8 小时；茉莉花、玫瑰花分别用温水泡开。

2 将以上食材全部倒入豆浆机中，加水至上、下水位线之间，按下"豆浆"键。

3 待豆浆机提示豆浆做好后，倒出过滤，再加入适量的白糖，即可饮用。

滋润肌肤

紫米桂圆粥

材料

紫米 100 克　桂圆干 20 克　大枣干 20 克　红糖 20 克

做法

① 紫米洗净、放入清水中浸泡 3 小时左右；桂圆干、大枣干洗净，沥干水分。

② 锅置火上，加入适量的清水，将紫米、桂圆干、大枣干一起放入锅中，大火煮开后，改为小火熬制。

③ 煮至粥将成时，加入红糖，适当搅拌，即可食用。

养生提示

此粥味道清淡、热量较低，有养血补血的功效。

益气养颜

美白护肤

猪蹄花生粥

材料

猪蹄 1 个　大米 100 克　花生仁 35 克　葱花适量　盐适量

做法

① 将猪蹄洗净，剁成小块。

② 将剁好的猪蹄放入开水锅中焯烫，去血水。

③ 将焯烫好的猪蹄放入开水中煮熟后捞出。

④ 大米淘净，加水煮开，放入猪蹄、花生仁，煮至烂稠。

⑤ 加入盐、味精、葱花即可。

养生提示

此粥可补充胶原蛋白，补血，健腰腿。

抗衰去皱

随着人体衰老，细胞新陈代谢减慢、皮肤弹性降低，皱纹也开始爬上眼角、唇沟。虽然衰老是一种自然过程，但如果调理得当，多吃一些抗衰老食物，还是可以起到延缓衰老、减少皱纹的作用的，而且这些抗衰老食物对促进健康、延长寿命也有着不错的功效。

●饮食建议　维生素 E ☑　维生素 C ☑　蛋白质 ☑
高盐 ☒　高胆固醇 ☒　高脂肪 ☒　辛辣食物 ☒

●推荐食物

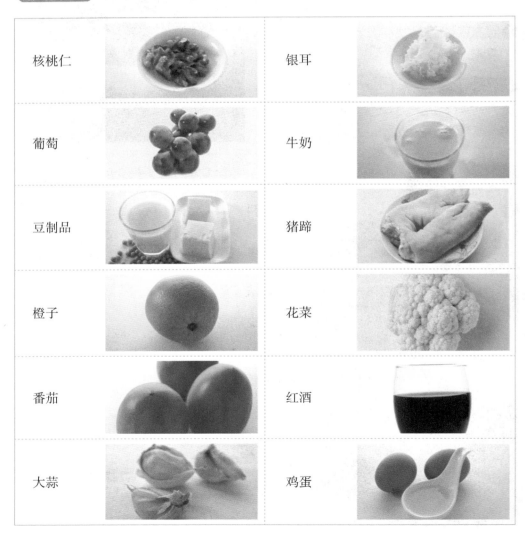

核桃仁		银耳	
葡萄		牛奶	
豆制品		猪蹄	
橙子		花菜	
番茄		红酒	
大蒜		鸡蛋	

枸杞核桃米糊

材料

大米 60 克　核桃仁 30 克　枸杞 20 克　　白糖适量

做法

❶ 大米洗净，用清水浸泡 2 小时；核桃仁、枸杞用温水泡开。

❷ 将以上食材全部倒入豆浆机中，加水至上、下水位线之间，按下"米糊"键。

❸ 米糊煮好后，豆浆机会提示做好，倒入碗中后，加入适量的白糖，即可食用。

● 养生提示

枸杞具有补肾的功效，与大米、核桃仁打为米糊，可起到延缓衰老的作用，此款米糊尤其适宜年老、肾气衰竭者食用。

圆白菜燕麦糊

材料

燕麦 80 克　圆白菜 40 克　蜂蜜适量

做法

❶ 燕麦用清水洗净，控干；圆白菜洗净，切碎。

❷ 将以上食材全部倒入豆浆机中，加水至上、下水位线之间，按下"米糊"键。

❸ 米糊煮好后，豆浆机会提示做好，倒入碗中后，加入适量的蜂蜜，即可食用。

● 养生提示

此款圆白菜燕麦米糊具有延缓衰老、美容养颜、改善肠道状况及延缓肠胃衰老的作用。

杏仁芝麻糯米豆浆

材料

杏仁 20 克　黑芝麻 10 克　糯米 20 克　黄豆 50 克　白糖适量

做法

❶ 黄豆洗净，用清水浸泡 6～8 小时；糯米洗净，用清水浸泡 4 小时；杏仁用温水泡开，黑芝麻洗净。

❷ 将以上食材全部倒入豆浆机中，加水至上、下水位线之间，按下"豆浆"键。

❸ 待豆浆机提示豆浆做好后，倒出过滤，再加入白糖，即可饮用。

● 养生提示

　　此款杏仁黑芝麻糯米豆浆具有活血行气、利水消肿、美白润肤的功效。

滋阴养颜、
延缓衰老

紫薯红豆粥

材料

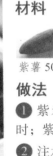

紫薯 50 克　红豆 30 克　紫米 30 克　白糖适量

做法

❶ 紫米、红豆分别洗净，用清水浸泡 4 小时；紫薯洗净，去皮，切成小块。

❷ 注水入锅，大火烧开，下紫米红豆同煮至滚沸后加入紫薯块同煮，边煮边适当翻搅。

❸ 待紫薯也煮至滚沸后，加入适量的白糖调味，待白糖溶化后，倒入碗中，即可食用。

● 养生提示

　　紫薯可起到清除体内自由基及防癌抗衰老的作用；红豆、紫米可美容补血，三者同煮为粥抗衰效果更佳。

清除自由基、
抵抗衰老

黄豆芝麻粥

材料

黄豆 50 克　　大米 100 克　　芝麻 20 克　　盐适量

养生提示

> 具有补肝肾，润五脏，滋润皮肤，使人面色红润光泽，降血脂、血糖，延年益寿等作用。

做法

1 黄豆洗净，用水浸泡 4 小时，大米淘洗干净，芝麻炒熟研成粉末。

2 砂锅置火上，加入适量的水，放入黄豆、大米大火煮沸，转小火熬煮成粥，加入芝麻粉、盐调味即可。

抗衰老、祛斑皱

牛奶黑芝麻粥

材料

牛奶 200 毫升　黑芝麻 30 克　枸杞 10 克　大米 100 克　白糖适量

做法

1. 大米洗净，用清水浸泡 1 小时；黑芝麻用清水洗好，控干；枸杞用温水泡开。
2. 注水入锅，大火烧开后下大米、黑芝麻同煮，边煮边适当翻搅。
3. 待米煮开后，加入牛奶转小火继续慢熬半小时，起锅前加入枸杞子和白糖约煮 5 分钟后，即可食用。

养生提示

　　牛奶历来是美容佳品，而枸杞和黑芝麻也都具有抗衰防老的作用，三者同煮粥服食，可起到延缓衰老的作用。

抗皱润肤

紫米大枣核桃粥

材料

紫米 100 克　　大米 50 克　　核桃仁 50 克　　大枣 10 枚　　冰糖 10 克

做法

1. 将大米和紫米分别淘洗干净，用冷水浸泡 3 个小时左右；大枣洗净、去核，对半切开。

2. 将泡好的紫米和大米冷水入锅，大火煮至水开，转为小火。

3. 加入准备好的核桃仁和切好的红枣，以小火继续熬煮。

4. 煮至粥将成时，加入冰糖，煮至其溶化，即可关火，盛碗食用。

养生提示

此粥可以改善肾气不足、血虚贫血等症状，有健脑、增强记忆力的功效。

乌发养颜、延缓衰老

明目美目

一双明亮、充满神采的眼睛是个人健康和精神状态良好的标志。如果眼睛出现不适，一般即为肝脏、肾脏等内部器官出现问题或衰老退化的迹象。因此明目除了注意日常的用眼习惯外，由内进补、合理调养各脏腑也同样具有重要作用。

饮食建议 维生素 A ☑ B 族维生素 ☑ 含铬食物 ☑ 含钙食物 ☑
生洋葱 ☒ 生大蒜 ☒ 烟酒 ☒ 油炸食品 ☒

推荐食物

胡萝卜		菠菜	
小米		豆制品	
牛奶		生菜	
青椒		猪肝	
茶		菊花	
芝麻		鱼类	

胡萝卜米糊

材料

大米 70 克　胡萝卜 60 克　油适量　白糖适量

做法

① 大米洗净，用清水浸泡 2 小时；胡萝卜洗净，切丁。

② 烧锅入油，倒入胡萝卜丁炒至表面透明。

③ 将大米与炒好的胡萝卜都放入豆浆机中，加水至上、下水位线之间，按下"米糊"键。

④ 米糊煮好后，豆浆机会提示做好，倒入碗中后，加入适量的盐，即可食用。

• 养生提示

胡萝卜含有丰富的营养元素，对缓解眼部干燥具有一定的作用。

（缓解眼部干燥）

绿豆荞麦米糊

材料

绿豆 50 克　荞麦 50 克　莲子 20 克　白糖适量

做法

① 绿豆洗净，用清水浸泡 6 小时；荞麦洗净，用清水浸泡 4 小时；莲子用温水泡发，去芯、去衣。

② 将以上食材全部倒入豆浆机中，加水至上、下水位线之间，按下"米糊"键。

③ 豆浆机提示米糊煮好后，加入适量的白糖，即可食用。

• 养生提示

此款绿豆荞麦米糊具有清热润燥的功效，适宜因上火导致眼部不适的患者食用。

（清肝明目）

菊花豆浆

材料

菊花 10 克

黄豆 80 克

冰糖适量

做法

1 黄豆洗净，用清水浸泡 6 ~ 8 小时；菊花用温水泡开。

2 将以上食材全部倒入豆浆机中，加水至上、下水位线之间，按下"豆浆"键。

3 待豆浆机提示豆浆做好后，倒出过滤，加入适量的冰糖，即可饮用。

● 养生提示

菊花味甘、苦，性微寒，具有去火、清肝明目的功效，需要注意的是实火过盛者需将黄豆浆改为绿豆浆。

清热解毒、
清肝明目

胡萝卜枸杞豆浆

材料

胡萝卜 30 克

枸杞 10 克

黄豆 50 克

白糖适量

做法

1 黄豆洗净，用清水浸泡 6 ~ 8 小时；枸杞用温水泡开；胡萝卜洗净，切成小块。

2 将以上食材全部倒入豆浆机中，加水至上、下水位线之间，按下"豆浆"键。

3 待豆浆机提示豆浆做好后，倒出过滤，再加入适量的白糖，即可饮用。

● 养生提示

胡萝卜、枸杞皆是明目佳品，此款胡萝卜枸杞豆浆不仅可起到明亮眼睛的功效，同时对肝肾也有一定的养护作用。

明亮眼睛、
养护肝脏

猪肝银耳粥

材料

猪肝 30 克

银耳 2 朵

鸡蛋 1 个

大米 100 克

盐适量

淀粉适量

做法

① 大米洗净，用清水浸泡 1 小时；银耳用温水泡发，去蒂，撕碎；猪肝洗净，切片，放入碗中，加入适量的盐、淀粉，打入鸡蛋，调匀挂浆。

② 注水入锅，大火烧开后下大米和银耳同煮，边煮边适当翻搅，待米开后，转小火继续慢熬半小时。

③ 加入猪肝、鸡蛋浆，转中火煮至肝熟粥成，倒入碗中后，即可食用。

• 养生提示

此款猪肝银耳粥具有补肝明目、滋阴润肺的功效，但需要注意的是脂肪肝以及高血脂患者不宜长期食用。

养肝明目

芡实粥

材料

芡实米 100 克　　糯米 100 克　　冰糖 10 克

做法

① 将芡实米研成粉，糯米洗净。

② 锅置火上，加入适量的清水，将洗好的糯米和研成粉的芡实一同放入锅中，大火煮开后，改为小火慢熬。

③ 煮至粥将成时，加入冰糖，煮至冰糖溶化，即可盛碗食用。

● 养生提示

　　此粥具有补中益气，提神强志，使人耳目聪明的功效。

明目养颜

滋补肝肾、益精明目

黑豆枸杞子粥

材料

黑豆 30 克　　枸杞子 5 克　　大米 100 克　　红枣 10 个

做法

① 黑豆、大米淘洗干净，枸杞子、红枣分别洗净，红枣去核。

② 砂锅置火上，加入适量的水，放入黑豆、枸杞子、大米、红枣，大火煮沸后改用小火熬至粥烂熟，即可食用。

● 养生提示

　　此粥可补肾强身、活血利水、解毒、滋阴明目和养血、增强免疫力。

乌发润发

影响头发健康的原因有很多，饮食即为其中最重要的原因之一，偏食、节食、营养不良等都会导致头发发黄、分叉、干枯等现象的发生。此外，中医认为血液是头发营养的主要来源，因此多吃一些活血生血的食物对改善头发健康状况也有着很大的帮助。

● 饮食建议　含碘食物☑　植物蛋白☑　含铁食物☑　维生素 E ☑
　　　　　　烟酒☒　油腻食物☒　燥热食物☒　高糖加工食物☒

● 推荐食物

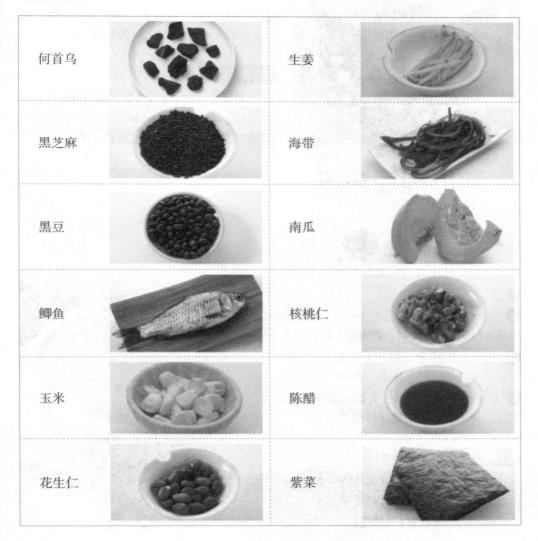

何首乌		生姜	
黑芝麻		海带	
黑豆		南瓜	
鲫鱼		核桃仁	
玉米		陈醋	
花生仁		紫菜	

乌发亮发

芝麻黑米糊

材料

黑芝麻 30 克　黑米 80 克　白糖适量

做法

① 黑芝麻用清水洗净，控干；黑米洗净，用清水浸泡 4 小时。

② 将以上食材全部倒入豆浆机中，加水至上、下水位线之间，按下"米糊"键。

③ 米糊煮好后，豆浆机会提示做好；倒入碗中后，加入适量的白糖，即可食用。

● 养生提示

此款黑芝麻黑米糊含有丰富的维生素 E、亚油酸、芝麻酚等营养元素，经常食用可起到滋养毛囊细胞，使头发乌黑亮泽的作用。

西瓜黑豆米糊

材料

西瓜肉 150 克　大米 70 克　黑豆 20 克　白糖适量

做法

① 大米洗净，用清水浸泡 2 小时；黑豆洗净，用清水浸泡 6 ~ 8 小时；西瓜肉去籽，切丁。

② 将以上食材全部倒入豆浆机中，加水至上、下水位线之间，按下"米糊"键。

③ 米糊煮好后，豆浆机会提示做好，倒入碗中后，加入适量的白糖，即可食用。

● 养生提示

此款西瓜黑豆米糊不仅能起到促进毛发生长的作用，而且还具有清热解毒、除烦润燥、减轻脱发的功效。

保持头发稠密

糯米芝麻黑豆浆

材料

糯米 30 克　黑芝麻 15 克　黑豆 50 克　白糖适量

做法

① 黑豆洗净，用清水浸泡 6 ~ 8 小时；糯米洗净，用清水浸泡 4 小时；黑芝麻洗净。

② 将以上食材全部倒入豆浆机中，加水至上、下水位线之间，按下"豆浆"键。

③ 待豆浆机提示豆浆做好后，倒出过滤，再加入适量的白糖，即可饮用。

• 养生提示

此款糯米芝麻黑豆浆可通过提升气血，充盈肾气来滋养毛发，使得头发变得乌黑亮丽。

补虚补血、乌发亮发

核桃蜂蜜黑豆豆浆

材料

核桃仁 30 克　黑豆 50 克　黄豆 20 克　蜂蜜适量

做法

① 黄豆、黑豆分别洗净，用清水浸泡 6 ~ 8 小时；核桃仁用温水泡开。

② 将以上食材全部倒入豆浆机中，加水至上、下水位线之间，按下"豆浆"键。

③ 待豆浆机提示豆浆做好，倒出过滤，加入适量的蜂蜜，即可饮用。

• 养生提示

核桃、黑豆都是补肾防衰老的佳品，此款核桃蜂蜜黑豆豆浆尤其适合因年老肾衰导致脱发者饮用。

防止脱发

何首乌乌发粥

材料

何首乌 30 克　黑芝麻 20 克　核桃仁 20 克　黑米 100 克　白糖适量

做法

① 黑米洗净，用清水浸泡 2 小时；黑芝麻用清水洗净，控干；将核桃仁冲洗净，压为碎粒；何首乌洗净，加水煎煮，取汁。

② 注水入锅，大火烧开后下黑米、黑芝麻、核桃仁同煮，边煮边适当翻搅。

③ 待米煮开后，加入何首乌汁转小火继续慢熬至粥成，加入适量的白糖，待白糖溶化后，倒入碗中，即可食用。

● 养生提示

何首乌自古就是乌发的常用药材，配以黑芝麻、核桃仁等，此款粥品的乌发效果尤为显著。

乌发润发、
补肾和胃

消脂塑身

　　肥胖不仅影响身形美观，同时还隐藏着患上心血管疾病、高脂血症、高血压等疾病的威胁。但减肥并不代表着盲目节食，只要合理安排饮食，如尽量不同时食用富含碳水化合物的食物，多采用蒸、烫、凉拌等烹饪方式，再加上适当运动，拥有灵活身形也并不困难。

●饮食建议 少盐☑　少糖☑　低脂☑　少加工☑
　　　　　　碳酸饮料☒　精加工点心☒　熏烤食品☒　烟酒☒

●推荐食物

食物		食物	
魔芋		冬瓜	
豆芽		芹菜	
海带		酸奶	
鸡肉		黄瓜	
柚子		山楂	
鱼肉		番茄	

健胃和脾、
清热解毒

番茄薏米糊

材料

薏米 80 克　　番茄 1 个　　白糖适量

做法

❶ 薏米洗净，用清水浸泡 4 小时；番茄洗净，入沸水略焯，去皮，切成小块。

❷ 将以上食材全部倒入豆浆机中，加水至上、下水位线之间，按下"米糊"键。

❸ 米糊煮好后，豆浆机会提示做好，倒入碗中后，加入适量的白糖，即可食用。

● 养生提示

　　番茄可起到减少脂肪积累的作用；薏米有助于利水除湿，二者同打为米糊，特别适合脾虚痰湿型肥胖者食用。

丝瓜虾皮米糊

材料

小米 80 克　丝瓜 50 克　虾皮 15 克　料酒适量　盐适量

做法

❶ 小米洗净，用清水浸泡 2 小时；丝瓜洗净，去皮去瓤，切丁；虾皮温水加几滴料酒泡软，捞出沥干。

❷ 将以上食材全部倒入豆浆机中，加水至上、下水位线之间，按下"米糊"键。

❸ 豆浆机提示米糊煮好后，加入适量的盐，即可食用。

● 养生提示

　　此款丝瓜虾皮米糊具有清热凉血的功效，同时还可起到保护心血管系统的作用。

清热利肠、
减肥瘦身

莴笋黄瓜豆浆

材料

 莴笋 20 克　 黄瓜 20 克　 黄豆 50 克　 白糖适量

做法

① 黄豆洗净，用清水浸泡 6 ~ 8 小时；莴笋、黄瓜分别洗净，去皮，切成小块。

② 将以上食材全部倒入豆浆机中，加水至上、下水位线之间，按下"豆浆"键。

③ 待豆浆机提示豆浆做好后，倒出过滤，再加入适量的白糖，即可饮用。

● 养生提示

此款豆浆中，莴笋和黄瓜都性偏寒、凉，具有良好的清热解毒、消脂减肥功效。

清热解毒、消脂减肥

排毒、利水清肿

荷叶绿豆豆浆

材料

 荷叶 5 克　 绿豆 50 克　 黄豆 30 克　 白糖适量

做法

① 黄豆、绿豆分别洗净，用清水浸泡 6 ~ 8 小时；荷叶用温水泡开。

② 将以上食材全部倒入豆浆机中，加水至上、下水位线之间，按下"豆浆"键。

③ 待豆浆机提示豆浆做好后，倒出过滤，再加入适量的白糖，即可饮用。

● 养生提示

荷叶具有清热利尿、健脾升阳的功效，此款荷叶绿豆豆浆尤其适合水肿型、便秘型、脂肪过多肉松垮型肥胖者饮用。

红豆绿豆瘦身粥

材料

红豆 30 克　　绿豆 30 克　　山楂 30 克　　红枣 10 个　　大米 50 克　　白糖适量

做法

① 红豆、绿豆分别洗净，用清水浸泡 4 小时；大米洗净，用清水浸泡 1 小时；山楂、红枣分别用温水泡开，去核。

② 注水入锅，大火烧开后，将所有食材一起下锅同煮，同时适当翻搅。

③ 待米豆煮开后，转小火继续慢熬至豆烂粥成，加入适量的白糖调味，待白糖溶化后，倒入碗中，即可食用。

● 养生提示

　　红豆、绿豆都具有清热解毒、利水消肿、排毒减肥的功效，且山楂可起到促进胃液分泌、加速脂肪分解的作用。

排毒减肥

丰胸美体

　　娇美的容颜和完美的身形自古以来就是众多女性的永恒追求。体型的高矮胖瘦很大情况下得自先天，但后天的适当调理也可以起到辅助提升作用。如多吃一些含有蛋白质、优质脂肪、胶原蛋白的食物，同时再加上适当的运动等，对丰胸美体都可起到一定的辅助作用。

●饮食建议 优质蛋白质☑　不饱和脂肪☑　胶原蛋白☑
　　　　　　咖啡☒　可乐☒　节食☒　过量甜食☒　不吃肉☒

●推荐食物

木瓜		腰果	
猪蹄		肉皮冻	
黄豆		莴笋	
花生仁		核桃仁	
鲜玉米粒		银耳	
糯米		酒酿	

五谷玉米糊

材料

 小米 30 克　 黑米 30 克　 薏米 30 克　 大米 30 克　 鲜玉米粒 30 克　 红枣 10 个　 白糖适量

做法

❶ 小米、黑米、薏米、大米分别洗净，用清水浸泡 2 小时；红枣用温水泡开，去核；鲜玉米粒洗净，控干。

❷ 将以上食材全部倒入豆浆机中，加水至上、下水位线之间，按下"米糊"键。

❸ 米糊煮好后，豆浆机会提示做好；倒入碗中后，加入适量的白糖，即可食用。

◆ 养生提示

　　鲜玉米中含有大量的天然维生素 E，能够增强新陈代谢，使皮下组织变得丰润有弹性，从而达到丰胸的作用。

美容丰胸

花生猪蹄粥

材料

花生仁 30 克　　猪蹄 1 只　　大米 100 克　　葱花　　料酒适量　　盐适量

做法

① 大米洗净，用清水浸泡 1 小时；花生用温水泡开；猪蹄洗净，剁成小块，入沸水焯去血污。

② 注水入锅，大火烧开后下猪蹄、花生仁，接着倒入适量的料酒同煮 2 小时。

③ 2 个小时后，加入大米同煮至粥熟，再加入适量的盐，撒上葱花，出锅，即可食用。

● 养生提示

　　花生仁富含优质的油脂；猪蹄含有丰富的胶原蛋白，二者同煮粥食用，有助于人体雌性激素分泌，可以起到丰胸美体的作用。

促进雌性
激素分泌

木瓜银耳糙米粥

材料

木瓜半个

银耳2朵

枸杞15克

糙米100克

白糖适量

做法

① 糙米洗净，用清水浸泡2小时；木瓜去皮、去籽，洗净，切成小块；银耳用温水泡发，去蒂，撕碎；枸杞用温水泡开。

② 注水入锅，大火烧开，倒入糙米、银耳同煮，同时一边搅拌。

③ 待米煮开后，转小火继续慢熬半小时，加入木瓜块和枸杞同煮10分钟，再加入适量白糖，待白糖溶化后，倒入碗中，即可食用。

养生提示

木瓜是丰胸佳品，银耳、枸杞具有很好的滋阴功效，经常食用此粥不仅可以起到丰胸的作用，而且对美容润肤也有很好的帮助。

丰胸养颜

第七章
四季调养
——米糊、豆浆、杂粮粥

春季，清补升阳

中医认为春季阳气渐生，最适宜食用一些时令新生的清补温阳食物。但同时也要注意因冬季的长期进补，导致身体积滞较重，因此春季进补只宜以清补为主，不宜再过多食用油腻、温热的食物，以避免加重脾胃负担，造成积食、消化吸收不良等症状。

● **饮食建议** 性味甘甜食物 ☑ 野菜 ☑ 维生素 C ☑ 维生素 A ☑
性味偏酸食物 ☒ 油腻食物 ☒ 生冷食物 ☒ 大补之物 ☒

● **推荐食物**

豆芽		蒲公英	
韭菜		鸡肝	
瘦肉		海带	
芹菜		鸡蛋	
鱼类		花生仁	
油菜		红枣	

百合菜心米糊

材料

大米 80 克　白菜心 30 克　干百合 30 克　胡萝卜 20 克　蜂蜜适量

做法

① 大米洗净,用清水浸泡 2 小时;干百合用温水泡发;白菜心洗净,切碎;胡萝卜洗净,切丁。

② 将以上食材全部倒入豆浆机中,加水至上、下水位线之间,按下"米糊"键。

③ 米糊煮好后,豆浆机会提示做好,倒入碗中后,加入适量的蜂蜜,即可食用。

养生提示

　　此款百合菜心米糊在早春食用,可起到清肝火的作用,同时也可预防因肝火旺引起的头痛咽干等症。

清肝火、预防头痛眩晕

调理春季消化不良

高粱米糊

材料

高粱米 50 克　大米 50 克　白糖适量　盐适量

做法

① 高粱米洗净,用清水浸泡 8 ~ 10 小时;大米洗净,用清水浸泡 2 小时。

② 将浸泡好的高粱和大米全部倒入豆浆机中,加水至上、下水位线之间,按下"米糊"键。

③ 米糊煮好后,豆浆机会提示做好;倒入碗中后,加入适量的白糖或盐,即可食用。

养生提示

　　高粱米味甘、性温,具有调和脾胃、消除积食、止泻涩肠的功效,对预防春季消化不良有良好作用。

小麦胚芽大米豆浆

材料

小麦胚芽30克　　大米30克　　黄豆50克　　白糖适量

做法

① 黄豆洗净，用清水浸泡6~8小时；大米洗净，用清水浸泡2小时；小麦胚芽洗净，控干。

② 将以上食材全部倒入豆浆机中，加水至上、下水位线之间，按下"豆浆"键。

③ 待豆浆机提示豆浆做好后，倒出过滤，再加入适量的白糖，即可饮用。

益气宽中

● 养生提示

小麦胚芽是小麦中营养价值最高的部分，含有丰富的维生素E、蛋白质等营养元素，是老人和儿童的理想滋补品。

西芹红枣豆浆

材料

西芹30克　　红枣10个　　黄豆50克　　白糖适量

做法

① 黄豆洗净，用清水浸泡6~8小时；红枣用温水泡开，去核；西芹洗净，切碎。

② 将以上食材全部倒入豆浆机中，加水至上、下水位线之间，按下"豆浆"键。

③ 待豆浆机提示豆浆做好后，倒出过滤，再加入适量的白糖，即可饮用。

润燥行水、补气养血

● 养生提示

西芹具有行水、减肥的功效，红枣是补气补血佳品，二者同打为豆浆可起到提升气血、润燥利水的功效。

韭菜虾仁粥

材料

 韭菜 50 克　 虾仁 50 克　 大米 100 克　 鸡汤 300 毫升　 盐适量

做法

① 大米洗净，用清水浸泡 1 小时；韭菜洗净，切成小段；虾仁去虾线，洗净，沸水焯过。

② 注水入锅，大火烧开，下大米煮至滚沸后加入鸡汤转小火慢熬 30 分钟。

③ 30 分钟后，加入虾仁，同煮片刻后，倒入韭菜段继续煮约 10 分钟，待所有食材都熟后，加入适量的盐，即可出锅。

● 养生提示

　　春季食用韭菜有助于提升阳气；虾仁营养丰富，同时也具有壮阳之功，二者煮粥食用对温阳、增强体质很有帮助。

温补阳气

夏季，清热消暑

夏季是人体代谢最旺盛的时期，水分和维生素等营养物质流失较快，所以这个季节应多吃一些富含钾元素及维生素、微量元素的食物。同时因为夏季阳气最盛，因此只宜清补。此外，"苦夏"时节还要注意做好除湿利水、消暑防暑的准备，避免出现中暑现象。

●**饮食建议** 清凉汤水☑ 红色食物☑ 苦味食物☑ 新鲜瓜果☑
冷饮☒ 辛辣☒ 煎炸食物☒ 酸涩食物☒

●**推荐食物**

薏米		绿豆	
龟苓膏		苦瓜	
菊花		红豆	
酸奶		鸭肉	
番茄		西瓜	
凉茶		海带	

玉米枸杞米糊

材料

鲜玉米粒80克　　大米 30 克　　枸杞 10 克　　白糖适量

做法

① 鲜玉米粒洗净，控干；大米洗净，用清水浸泡 2 小时；枸杞用温水泡开。

② 将以上食材全部倒入豆浆机中，加水至上、下水位线之间，按下"米糊"键。

③ 米糊煮好后，豆浆机会提示做好，倒入碗中后，加适量的白糖，即可食用。

● 养生提示

　　此款玉米枸杞米糊不仅有助于夏季清热去火，同时还可起到明目、抗氧化、防衰老的作用。

清热去火

养阴生津、化痰通便

苹果梨香蕉米糊

材料

大米 80 克　苹果半个　　梨半个　　香蕉 1 根　白糖适量

做法

① 大米洗净，用清水浸泡 2 小时；苹果、梨分别洗净去皮去核，切成小块；香蕉洗净剥皮，切成小块。

② 将以上食材全部倒入豆浆机中，加水至上、下水位线之间，按下"米糊"键。

③ 米糊煮好后，豆浆机会提示做好，倒入碗中后，加入适量的白糖，即可食用。

● 养生提示

　　此款水果米糊含有大量的维生素，具有养阴润燥、清热除烦、通便化痰的功效。

提神、缓解疲劳

酸梅米糊

材料

大米 100 克

酸梅干 15 粒

白糖适量

做法

① 大米洗净，用清水浸泡 2 小时；酸梅干用温水泡开。

② 将以上食材全部倒入豆浆机中，加水至上、下水位线之间，按下"米糊"键。

③ 米糊煮好后，豆浆机会提示做好，倒入碗中后，加入适量的白糖，即可食用。

● 养生提示

此款酸梅米糊可缓解因夏季天热而产生的精神疲惫、眼干舌燥等症，但需要注意的是，胃酸分泌过多者应慎食。

绿茶米香豆浆

材料

绿茶 10 克

大米 40 克

黄豆 50 克

白糖适量

做法

① 黄豆洗净，用清水浸泡 6 ~ 8 小时；大米洗净，用清水浸泡 2 小时；绿茶用温水泡开。

② 将以上食材全部倒入豆浆机中，加水至上、下水位线之间，按下"豆浆"键。

③ 待豆浆机提示豆浆做好后，倒出过滤，再加入适量的白糖，即可饮用。

● 养生提示

绿茶具有清热去火、提神醒脑、消除疲劳的功效，尤其适宜夏季饮用。

清热消暑、生津止渴

菊花绿豆浆

材料

 菊花 10 克　 绿豆 30 克　 黄豆 50 克　 白糖适量

做法

❶ 黄豆、绿豆洗净，用清水浸泡 6 ~ 8 小时；菊花用温水泡开。

❷ 将以上食材全部倒入豆浆机中，加水至上、下水位线之间，按下"豆浆"键。

❸ 待豆浆机提示豆浆做好后，倒出过滤，再加入适量的白糖，即可饮用。

• 养生提示

绿豆具有清暑益气、止渴利尿的功效；菊花具有清热解毒的功效，因此此款豆浆尤其适宜夏季上火者食用。

清热解暑

生津解暑、健脾祛湿

绿豆薏米粥

材料

 绿豆 50 克　 大米 100 克　 薏米 30 克　 白糖适量

做法

❶ 绿豆、大米、薏米分别洗净；绿豆、薏米用清水浸泡 4 小时；大米用清水浸泡 1 小时。

❷ 注水入锅，大火烧开后下绿豆、薏米同煮至滚沸后转小火继续煮至六成熟。

❸ 加入大米，转大火同煮至再次滚沸后，转小火熬煮至豆烂米熟，加入适量的白糖，待白糖溶化后，倒入碗中，即可食用。

• 养生提示

此款绿豆薏米粥可起到祛除体内湿气及缓解夏季水肿症状的作用。

海带杏仁玫瑰粥

材料

海带 20 克　　绿豆 50 克　　杏仁 10 克　　大米 50 克　　玫瑰 5 克　　红糖适量

做法

① 大米、绿豆分别洗净；大米用清水浸泡 1 小时；绿豆用清水浸泡 4 小时；杏仁用温水泡开，去衣，切碎；海带洗净，切丝；玫瑰用温水泡开。

② 注水入锅，大火烧开后，下绿豆煮至六成熟后加入大米同煮。

③ 待豆米再次煮开后，加入海带丝、杏仁、玫瑰花，转小火慢熬至粥熟，加入适量的红糖，待红糖溶化后，倒入碗中，即可食用。

●养生提示

　　夏季出汗多，盐分损耗量大，此款海带杏仁玫瑰粥即可补充无机盐，又能起到恢复体力的作用。

清热解暑

秋季，生津润燥

　　秋天空气较为干燥，是肺病多发时节，此时应以滋阴润肺为主，适量多吃一些养肺润肺的食物。此外，秋季天气还不太稳定，忽冷忽热，早晚温差较大，胃病患者应适当调理脾胃，以做好冬季进补的准备。

● **饮食建议**　性偏凉食物☑　味甘酸食物☑　养阴食物☑　白色食物☑
　　　　　　　辛燥食物☒　油腻食物☒　吸烟☒　烧烤☒　麻辣烫☒

● **推荐食物**

冬瓜		花菜	
黑芝麻		豆制品	
百合		燕麦	
紫薯		鱼肉	
蜂蜜		葡萄	
牛奶		银耳	

生津止渴、
润肺止咳

番茄菜花米糊

材料

大米 80 克　菜花 50 克　番茄 1 个　白糖适量

做法

① 大米洗净，用清水浸泡 2 小时；菜花洗净，切成小块；番茄洗净，入沸水略烫，去皮，切成小块。

② 将以上食材全部倒入豆浆机中，加水至上、下水位线之间，按下"米糊"键。

③ 米糊煮好后，豆浆机会提示做好，倒入碗中后，加入适量的白糖，即可食用。

● 养生提示

此款番茄菜花米糊除具有滋阴润燥的功效，还可起到清补脾胃的作用。

花生芝麻糊

材料

花生仁 80 克　黑芝麻 30 克　糯米 30 克　白糖适量

做法

① 花生仁、黑芝麻分别洗净；糯米洗净，用清水浸泡 4 小时。

② 将以上食材全部倒入豆浆机中，加水至上、下水位线之间，按下"米糊"键。

③ 米糊煮好后，豆浆机会提示做好，倒入碗中后，加入适量的白糖，即可食用。

● 养生提示

此款花生芝麻糯米糊具有行血补气、养阴去燥、乌发养颜、延缓衰老的功效。

滋阴养血、
祛燥除烦

木瓜银耳豆浆

材料

木瓜半个　　银耳2朵　　黄豆80克　　白糖适量

做法

1 黄豆洗净，用清水浸泡6～8小时；银耳用温水泡开，撕碎；木瓜洗净、去皮、去籽，切成小块。

2 将以上食材全部倒入豆浆机中，加水至上、下水位线之间，按下"豆浆"键。

3 待豆浆机提示豆浆做好后，倒出过滤，再加入适量的白糖，即可饮用。

● 养生提示

　　此款木瓜银耳豆浆具有滋阴润肺、润肤丰胸的功效，尤其适宜女性饮用。

滋阴润肺

滋阴生津、健脾和胃

红豆红枣豆浆

材料

红豆30克　红枣10个　黄豆50克　白糖适量

做法

1 黄豆、红豆洗净，用清水浸泡6～8小时；红枣用温水泡开，去核。

2 将以上食材全部倒入豆浆机中，加水至上、下水位线之间，按下"豆浆"键。

3 待豆浆机提示豆浆做好后，倒出过滤，再加入适量的白糖，即可饮用。

● 养生提示

　　此款红豆红枣豆浆具有润燥、行气补血、清补脾胃的功效。

百合南瓜粥

材料

百合 30 克　　南瓜 70 克　　大米 70 克　　冰糖适量

做法

① 大米洗净，用清水浸泡 1 小时；百合用温水泡开；南瓜去皮、去瓤，切块。

② 注水入锅，大火烧开，倒入大米、南瓜块、百合一同煮至滚沸。

③ 转小火继续慢慢熬煮至粥黏稠，加入适量的冰糖调味，待冰糖溶化后，倒入碗中，即可食用。

● 养生提示

此款百合南瓜粥特别针对肺燥咳喘者，秋季多咳者可视自身情况适当多服食一些。

润肺益气、止咳平喘

冬季，温补祛寒

冬季是一年中最宜进补的季节，其中又以补肾为重点。适当的温补肾阳有助于增强机体免疫力，抵御寒气侵袭。冬季进补可适宜吃一些味厚性温之物，但也需注意防止因天气干燥引起的冬季上火现象，尤其是体虚者更应在进补的同时兼顾滋阴，不可一味盲目进补。

●饮食建议 黑色食物☑　性温食物☑　动物肾脏☑　辛味食物☑
　　　　　　生冷食物☒　高盐☒　过热饮料☒　过辣食物☒

●推荐食物

白萝卜		香菇	
牛肉		羊肉	
红枣		黑豆	
杏仁		土豆	
黑芝麻		山药	
糯米		桂圆	

散寒强骨、
补益气血

牛肉南瓜米糊

材料

大米 60 克　南瓜 60 克　牛肉 30 克　生姜 1 块　盐适量

做法

① 大米洗净，用清水浸泡 2 小时；南瓜去皮、去瓤，洗净，切成小块；牛肉洗净，切至黄豆大小；生姜洗净，切丝。

② 将以上食材全部倒入豆浆机中，加水至上、下水位线之间，按下"米糊"键。

③ 米糊煮好后，豆浆机会提示做好，倒入碗中后，加入适量的盐，即可食用。

● 养生提示

　　牛肉具有温阳散寒的功效，此款牛肉南瓜米糊特意加入了生姜，对冬日驱寒很有帮助。

红枣枸杞姜米糊

材料

糯米 80 克　红枣 30 克　枸杞 20 克　生姜 1 块　红糖适量

做法

① 糯米洗净，用清水浸泡 4 小时；红枣、枸杞用温水泡发；红枣去核；生姜洗净，切丝。

② 将以上食材全部倒入豆浆机中，加水至上、下水位线之间，按下"米糊"键。

③ 米糊煮好后，豆浆机会提示做好，倒入碗中后，加入适量的红糖，即可食用。

● 养生提示

　　此款红枣枸杞姜米糊中，糯米、红糖都具有温暖身体的作用，且红枣、枸杞、生姜还具有活血化瘀的功效。

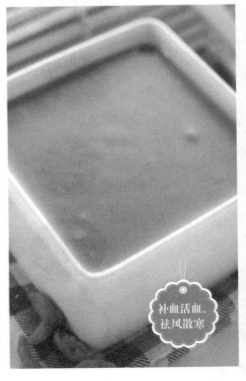

补血活血、
祛风散寒

杏仁松子豆浆

材料

杏仁 20 克　松仁 20 克　黄豆 50 克　白糖适量

做法

① 黄豆洗净，用清水浸泡 6 ~ 8 小时；松仁洗净，控干；杏仁用温水泡开。

② 将以上食材全部倒入豆浆机中，加水至上、下水位线之间，按下"豆浆"键。

③ 待豆浆机提示豆浆做好后，倒出过滤，再加入适量的白糖，即可饮用。

● 养生提示

冬季进补，可适当多食用一些坚果，此款杏仁松子豆浆含有大量的蛋白质、油脂等营养元素，尤其适宜冬季饮用。

润肠、温补身体

温暖脾胃

姜汁黑豆浆

材料

姜 1 块　黑豆 80 克　红糖适量

做法

① 黑豆洗净，用清水浸泡 6 ~ 8 小时；生姜洗净，去皮，切成小片。

② 将以上食材全部倒入豆浆机中，加水至上、下水位线之间，按下"豆浆"键。

③ 待豆浆机提示豆浆做好后，倒出过滤，加入适量的红糖，即可饮用。

● 养生提示

此款姜汁红糖黑豆浆具有驱寒暖胃及预防风寒感冒的作用。

糙米核桃花生豆浆

材料

糙米 30 克　核桃仁 10 克　花生仁 15 克　黄豆 50 克　白糖适量

做法

① 黄豆洗净，用清水浸泡 6 ~ 8 小时；糙米洗净，用清水浸泡 4 小时；核桃仁、花生仁用温水泡开。

② 将以上食材全部倒入豆浆机中，加水至上、下水位线之间，按下"豆浆"键。

③ 待豆浆机提示豆浆做好后，倒出过滤，再加入适量的白糖，即可饮用。

● 养生提示

此款糙米核桃花生豆浆营养丰富，具有补中益气、调和五脏的功效，非常适宜冬季饮用。

润燥、补虚、健脑

黑豆糯米粥

材料

黑豆 60 克

糯米 60 克

白糖适量

养生提示

此款黑豆糯米粥具有滋阴润燥、和胃健脾的功效，尤其适宜易上火者食用。

做法

① 黑豆、糯米分别洗净，黑豆用清水浸泡 6 小时；糯米用清水浸泡 4 小时。

② 注水入锅，大火烧开后，倒入黑豆、糯米同煮，同时注意搅拌。

③ 待黑豆、糯米煮至滚沸后，转小火继续慢熬至豆烂粥稠，加入适量的白糖调味，待白糖溶化后，倒入碗中，即可食用。

滋阴养血

羊肉萝卜粥

材料

 羊肉 60 克　 白萝卜 50 克　 大米 80 克　 葱花适量　 生姜末适量　 高汤适量　 盐适量

做法

1. 大米洗净，用清水浸泡 1 小时；羊肉洗净，切成薄片；白萝卜去皮，洗净，切成小块。

2. 将高汤倒入锅中，大火烧开，倒入大米，大米煮开后，加入白萝卜块同煮。

3. 待粥再次煮开时，转小火慢熬成稀粥，倒入羊肉片煮熟后，加入适量的盐、葱花、生姜末调味，即可出锅。

◆ 养生提示

此款羊肉萝卜粥具有温补肾阳的功效，适宜耐补者冬季食用，但易上火者则需少食。

益肾固元

第八章

不同人群
——米糊、豆浆、杂粮粥

幼儿

幼儿主要指学龄前的儿童。一般来讲，宝宝六个月后就可以开始添加辅食，添加时应根据牙齿及消化道的发育情况逐渐从汤、果汁实现到果泥、米糊、肉泥以及小块菜、软饭等的过渡。同时因幼儿处于智力、骨骼发展的旺盛期，所以要注意补充足够的蛋白质、钙、铁、锌等。

● 饮食建议　钙☑　铁☑　锌☑　易消化食物☑
　　　　　　生冷食物☒　坚硬食物☒　高盐☒　多油☒

● 推荐食物

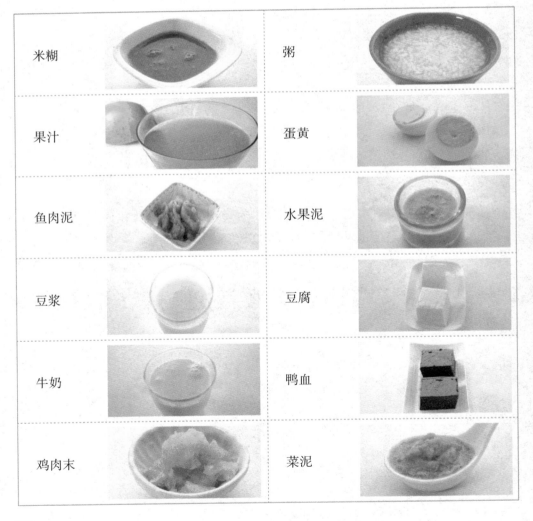

米糊		粥	
果汁		蛋黄	
鱼肉泥		水果泥	
豆浆		豆腐	
牛奶		鸭血	
鸡肉末		菜泥	

蛋黄豌豆米糊

材料

 大米 70 克　　 豌豆 20 克　　 蛋黄半个　　 盐适量

做法

促进小儿牙齿、骨骼生长

① 大米洗净，用清水浸泡 2 小时；豌豆洗净，入沸水焯 1 ~ 2 分钟，捞出控干；鸡蛋黄捣烂。

② 将以上食材全部倒入豆浆机中，加水至上、下水位线之间，按下"米糊"键。

③ 米糊煮好后，豆浆机会提示做好，倒入碗中后，加入适量的盐，即可食用。

● 养生提示

　　此款蛋黄豌豆米糊含有丰富的蛋白质、维生素 C 等营养元素，尤其适宜六个月以上开始长乳牙的婴儿食用。

芝麻燕麦豆浆

材料

 黑芝麻 20 克　 生燕麦片 40 克　 黄豆 40 克　　 白糖适量

做法

促进宝宝发育

① 黄豆洗净，用清水浸泡 6 ~ 8 小时；生燕麦片洗净，用清水浸泡半小时；黑芝麻洗净。

② 将以上食材全部倒入豆浆机中，加水至上、下水位线之间，按下"豆浆"键。

③ 待豆浆机提示豆浆做好后，倒出过滤，再加入适量的白糖，即可饮用。

● 养生提示

　　此款芝麻燕麦豆浆可起到促进宝宝发育的作用，但需要注意的是一次不宜过多饮用，否则易产生胀气现象。

小米山药粥

材料

小米 70 克

山药 50 克

白糖适量

养生提示

此款小米山药粥可缓解小儿脾胃虚弱、消化不良、不思饮食、腹胀腹泻等症，适宜空腹食用。

做法

① 小米洗净，用清水浸泡 1 小时；山药去皮，洗净，切成小块。

② 注水入锅，大火烧开后，倒入小米和山药块同煮，边煮边搅拌。

③ 待米煮开后，转小火继续慢熬至粥黏稠，加入适量的白糖，待白糖溶化后，将粥倒入碗中，即可食用。

营养丰富，健脾止泻

青少年

　　青少年时期是骨骼发育、智力成长的重要时期，此时科学的饮食习惯显得尤为重要。除了应少吃零食外，还需要坚持吃好每日三餐，同时再搭配上合理的水果和健康饮品，以保证青少年身体、智力得到全面均衡的发展。

●饮食建议 清淡饮食☑　营养早餐☑　优质蛋白质☑　高膳食纤维☑
　　　　　 节食☒　速食☒　甜食☒　咖啡☒　烟酒☒　油炸食品☒

●推荐食物

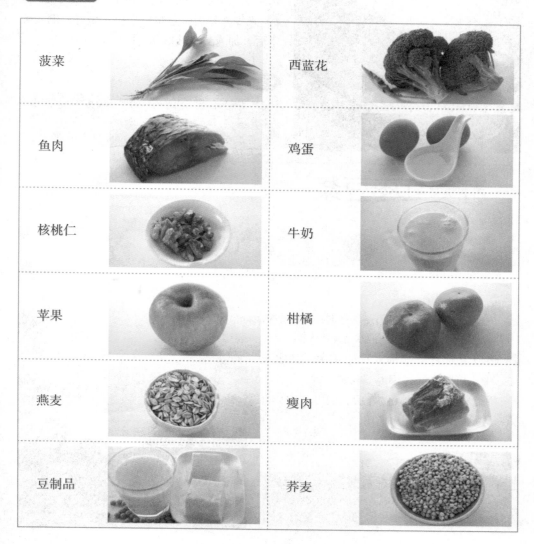

菠菜		西蓝花	
鱼肉		鸡蛋	
核桃仁		牛奶	
苹果		柑橘	
燕麦		瘦肉	
豆制品		荞麦	

强身健脑

花生核桃牛奶米糊

材料

大米 50 克 花生仁 20 克 核桃仁 20 克 牛奶 200 毫升 白糖适量

做法

① 大米洗净，用清水浸泡 2 小时；花生仁、核桃仁用温水泡开。

② 将以上食材和牛奶全部倒入豆浆机中，加水至上、下水位线之间，按下"米糊"键。

③ 米糊煮好后，豆浆机会提示做好，倒入碗中后，加入适量的白糖，即可食用。

▶ 养生提示

花生仁、核桃仁、牛奶都具有健脑强身、补充营养的功效，因此此款米糊非常适宜正在成长或用脑量大的青少年食用。

荞麦红枣豆浆

材料

荞麦 30 克 红枣 10 个 黄豆 50 克 白糖适量

做法

① 黄豆洗净，用清水浸泡 6～8 小时；荞麦洗净，用清水浸泡 4 小时；红枣用温水泡开，去核。

② 将以上食材全部倒入豆浆机中，加水至上、下水位线之间，按下"豆浆"键。

③ 待豆浆机提示豆浆做好后，倒出过滤，再加入适量的白糖，即可饮用。

▶ 养生提示

荞麦含有丰富的蛋白质、钙、磷等营养元素，且它含有的膳食纤维是大米的 10 倍之多，此款豆浆适宜处在骨骼发育的青少年食用。

促进骨骼发育

南瓜牛奶豆浆

材料

南瓜 40 克　黄豆 40 克　牛奶 200 毫升　白糖适量

做法

① 黄豆洗净，用清水浸泡 6 ～ 8 小时；南瓜洗净，去皮，切成小块。

② 将以上食材全部加上牛奶一起倒入豆浆机中，加水至上、下水位线之间，按下"豆浆"键。

③ 待豆浆机提示豆浆做好后，倒出过滤，再加入适量的白糖，即可饮用。

 养生提示

　　此款南瓜牛奶豆浆含有丰富的钙质、维生素A、维生素E等营养元素，可起到改善儿童贫血及增强体质的作用。

补充体能、增强免疫力

草莓牛奶燕麦粥

补充机体营养、明目养肝

材料

生燕麦片 100 克　牛奶 200 毫升　草莓果酱 30 克　白糖适量

做法

① 生燕麦片洗净，用清水浸泡半小时。

② 在锅内加入少量的清水，大火烧开后，倒入燕麦片煮至滚沸。

③ 加入牛奶转小火慢熬 20 分钟，加入草莓果酱，搅拌均匀，可按照个人口味添加适量的白糖，倒入碗中，即可食用。

养生提示

　　此款草莓牛奶燕麦粥含有大量的胡萝卜素、钙、铁等营养元素，具有明目养肝、补充营养的功效。

香菇荞麦粥

材料

 香菇 2 朵　　 荞麦 50 克　　 红米 80 克　　 葱花适量　　 香油适量　　 盐适量

做法

① 荞麦、红米分别洗净，用清水浸泡 4 小时；香菇泡发，去蒂，切片。

② 注水入锅，大火烧开，倒入荞麦、红米、香菇同煮，边煮边搅拌。

③ 待米煮开后，转小火慢熬至粥稠，加入适量的葱花、香油、盐调味，继续熬煮 5 分钟后，盛出，即可食用。

◆ 养生提示

　　此款香菇荞麦粥中，香菇具有补肝肾、健脾胃、益智安神的功效，荞麦则具有促进骨骼发育的功效。

改善挑食，促进骨骼发育

老年人

随着年纪的增大，老年人消化、吸收能力均明显下降，此时一方面需要注意将食材加工得更加软烂香润，另一方面也需要更多进食一些强身健骨、抵抗衰老的食品。同时在饮食习惯上，还应做到食物的多样化、少食多餐、营养均衡等。

●饮食建议　清淡软烂☑　少食多餐☑　细嚼慢咽☑
　　　　　　　生冷食物☒　高糖☒　高盐☒　油腻☒　辛辣☒

●推荐食物

糙米		开心果	
酸奶		虾仁	
黑米		栗子	
香菇		芦笋	
瘦肉		山药	
燕麦		豆制品	

红豆银杏粥

材料

银杏 20 克

红豆 50 克

桂圆肉 25 克

糯米 100 克

蜂蜜 10 克

做法

① 银杏去壳，红豆用温水泡 3 个小时，桂圆肉洗净，糯米淘洗干净。

② 砂锅置火上，加入适量的水，放入以上准备好的食材，大火煮沸后转小火继续熬煮45 分钟，淋入蜂蜜调味即可。

● 养生提示

　　有滋润皮肤、抗衰老、通畅血管、改善大脑功能、延缓老年人大脑衰老、增强记忆能力等功效。

益智抗衰

黄豆红枣粥

材料

黄豆 30 克　　大米 50 克　　糯米 50 克　　大枣 10 枚　　白糖适量

做法

① 黄豆洗净，提前浸泡一夜，大枣温水泡 15 分钟后洗净、去核，大米、糯米均淘洗干净。

② 砂锅置火上，加入适量的水，放入大米、糯米，大火烧开，放入黄豆转小火熬 40 分钟，再加入大枣熬煮 40 分钟，加糖调味即可。

● 养生提示

此粥有降低胆固醇的功效，也可作为动脉硬化、高血压的食疗方。

提高免疫力

辅助治疗
腰膝酸软

牛奶黑米糊

材料

黑米 100 克　牛奶 200 毫升　白糖适量

做法

① 黑米洗净，用清水浸泡 6 ~ 8 小时。

② 将浸泡好的黑米和牛奶一起倒入豆浆机中，加水至上、下水位线之间，按下"米糊"键。

③ 米糊煮好后，豆浆机会提示做好，倒入碗中，加入适量的白糖，即可食用。

● 养生提示

此款牛奶黑米糊含有丰富的 B 族维生素，且还具有补充营养、补肾强肾的功效，有助于缓解老年人腰膝酸软的症状。

栗子米糊

材料

糯米 70 克　栗子 50 克　白糖适量

做法

① 糯米洗净，用清水浸泡 4 小时；栗子去壳，取肉，切成小碎块。

② 将以上食材全部倒入豆浆机中，加水至上、下水位线之间，按下"米糊"键。

③ 米糊煮好后，豆浆机会提示做好，倒入碗中，加入适量的白糖，即可食用。

● 养生提示

此款栗子米糊具有滋补脾肾、强筋壮骨、延缓衰老的功效，但需要注意的是栗子糖分较高，所以糖尿病患者最好少食。

滋补脾肾，
延年益寿

黑豆大米豆浆

材料

黑豆 30 克　　大米 30 克　　黄豆 40 克　　白糖适量

做法

① 黄豆、黑豆分别洗净，用清水浸泡 6 ~ 8 小时；大米洗净，用清水浸泡 2 小时。

② 将以上食材全部倒入豆浆机中，加水至上、下水位线之间，按下"豆浆"键。

③ 待豆浆机提示豆浆做好后，倒出过滤，再加入适量的白糖，即可饮用。

● 养生提示

此款黑豆大米豆浆具有调养身体、益气养阴、延缓衰老的功效，尤其适宜体虚、脾虚、水肿者食用。

缓解腰腿疼痛、耳聋目眩

健脾益胃、延年益寿

山药黑米粥

材料

山药 50 克　黑米 100 克　黑豆 20 克　核桃仁 10 克　盐适量

做法

① 黑米、黑豆分别洗净，用清水浸泡 4 小时；山药去皮，洗净，切成小块；核桃用温水泡开，切碎。

② 注水入锅，大火烧开，倒入黑米、黑豆同煮至熟。

③ 加入山药、核桃续煮 10 分钟，调入盐即可。

● 养生提示

此款山药黑米粥特地加入了黑豆、核桃仁，不仅具有健脾和胃的功效，同时还可延缓衰老以及补充人体所需的蛋白质、锰等多种营养元素。

养生米糊 豆浆 杂粮粥 速查全书

黑芝麻大米粥

材料

黑芝麻 50 克　　大米 100 克　　白糖适量

> 黑芝麻大米粥具有补血明目、开胃健脾、延缓衰老的功效，经常食用此粥对五脏、皮肤、毛发都有补益。

做法

① 大米洗净，用清水浸泡 1 小时；黑芝麻用清水淘洗净，入搅拌机打碎。

② 注水入锅，大火烧开，倒入大米煮至滚沸后转小火继续慢熬半小时。

③ 加入打碎的黑芝麻同煮至米烂粥稠，加入适量的白糖，待白糖溶化后，倒入碗中，即可食用。

益气、滋润五脏

男性

　　男性在面对压力时，更易出现血压增高、肾上腺素分泌增加过旺的情况，即患有心脑血管疾病的危险更高。同时，相较于女性，男性在耐寒、耐饥、抗疲劳等方面也稍逊一筹，但现实生活中男性又必须承担较大的工作和生活压力，因此如何加强自身保健、合理摄入营养就显得尤其重要了。

●**饮食建议** 高纤维素☑　含镁食物☑　含锌食物☑　各类维生素☑
　　　　　　影响精子质量的食物☒　吸烟☒　白酒☒　高胆固醇食物☒

●**推荐食物**

羊肉		胡萝卜	
猪肝		香菇	
枸杞		苹果	
杏仁		葡萄	
山药		韭菜	
腰果		红酒	

补肾壮阳

山药韭菜枸杞米糊

材料

大米 100 克　山药 40 克　韭菜 30 克　枸杞 10 克　盐适量

做法

① 大米洗净，用清水浸泡 2 小时；山药洗净，去皮切块；韭菜去黄叶，洗净，切碎；枸杞用温水泡开。

② 将以上食材全部倒入豆浆机中，加水至上、下水位线之间，按下"米糊"键。

③ 豆浆机提示米糊煮好后，加入盐，即可食用。

● 养生提示

　　此款山药韭菜枸杞米糊具有壮阳益精的功效，适宜肾阳不足的男性食用。

桂圆山药豆浆

材料

桂圆肉 10 克　山药 40 克　黄豆 50 克　白糖适量

做法

① 黄豆洗净，用清水浸泡 6 ~ 8 小时；桂圆肉用温水泡开；山药去皮，洗净，切小块。

② 将以上食材全部倒入豆浆机中，加水至上、下水位线之间，按下"豆浆"键。

③ 待豆浆机提示豆浆做好后，倒出过滤，再加入适量的白糖，即可饮用。

● 养生提示

　　此款桂圆山药豆浆具有滋补强体、益肾补虚、养血固精的功效，尤其适合男性饮用。

益肾补虚、养血壮阳

韭菜羊肉粥

材料

韭菜 60 克　　羊肉 50 克　　大米 60 克　　生姜 1 小块　　料酒适量　　　盐适量

做法

① 大米洗净，用清水浸泡 1 小时；韭菜洗净，切段；羊肉洗净，切成细丁；生姜洗净，去皮，切末。

② 注水入锅，大火烧开，倒入大米煮至滚沸后转小火熬成稀粥；同时将羊肉用料酒、姜末、盐腌渍片刻。

③ 加入羊肉丁同煮，待羊肉熟至七成时，倒入韭菜段同煮至熟，加入适量的盐调味，继续熬煮 5 分钟后，倒入碗中，即可食用。

● 养生提示

此款韭菜羊肉粥具有温补肾阳的功效，适宜冬季时食用，但易上火者需少食。

温阳暖肾

普通女性

中医认为，"女子以养血为本"，因此在日常饮食中可多摄入一些补血活血的食物。此外女性还应做好经期保健，以减低罹患子宫癌的风险。

·饮食建议 含铁食物☑ 含雌性激素类食物☑ 饮食清淡☑
经常食用甜食☒ 烟酒☒ 辛辣☒ 生冷☒

·推荐食物

玫瑰花		红枣	
桂圆		葡萄干	
番茄		木耳	
豆制品		牛奶	
红糖		木瓜	
猕猴桃		菠菜	

红枣小麦米糊

材料

小麦仁 25 克　　糯米 75 克　　红枣 7 个　　白糖适量

做法

① 小麦仁、糯米分别洗净，用清水浸泡 4 小时；红枣用温水泡开，去核。

② 将以上食材全部倒入豆浆机中，加水至上、下水位线之间，按下"米糊"键。

③ 米糊煮好后，豆浆机会提示做好；倒入碗中，加入适量的白糖，即可食用。

● 养生提示

小麦仁具有宁心安神的功效；糯米和红枣可起到益气补血的作用，三者打磨成米糊食用可缓解女性特殊时期导致的心神不宁。

益气养血，安心宁神

补脾益气，润肠通便

榛子绿豆豆浆

材料

榛子 15 克　　绿豆 40 克　　黄豆 40 克　　白糖适量

做法

① 黄豆、绿豆洗净，用清水浸泡 6 ~ 8 小时；榛子洗净，控干。

② 将以上食材全部倒入豆浆机中，加水至上、下水位线之间，按下"豆浆"键。

③ 待豆浆机提示豆浆做好后，倒出过滤，再加入适量的白糖，即可饮用。

● 养生提示

此款榛子绿豆豆浆，不仅具有活血养血、美容养颜、减肥降糖的功效，且对眼睛也有一定的保健作用。

滋阴润肺、
和胃健脾

小麦红枣豆浆

材料

小麦仁30克　红枣10个　黄豆50克　白糖适量

做法

① 黄豆洗净，用清水浸泡6～8小时；小麦仁洗净，用清水浸泡2小时；红枣用温水泡开，去核。

② 将以上食材全部倒入豆浆机中，加水至上、下水位线之间，按下"豆浆"键。

③ 待豆浆机提示豆浆做好后，倒出过滤，再加入白糖，即可饮用。

● 养生提示

此款小麦红枣豆浆具有强心补血的功效，经常饮用也可起到美容养颜的效果。

红糖小米粥

材料

小米100克　红枣7个　红糖适量

做法

① 小米洗净，用清水浸泡2小时；红枣用温水泡发，去核。

② 注水入锅，大火烧开，下小米、红枣同煮，边煮边搅拌。

③ 待米煮至滚沸后，加入适量的红糖，待红糖溶化后，倒入碗中，即可食用。

● 养生提示

此款红糖小米红枣粥具有暖胃补气、健脾补血的功效，适合手足易冰凉的女性食用。

暖胃健脾、
滋阴补血

薏米麦片粥

材料

薏米 50 克　生麦片 50 克　大米 20 克　红枣 5 个　白糖适量

做法

1. 薏米、生麦片、大米分别洗净，薏米用清水浸泡 4 小时；生麦片用清水浸泡半小时；大米用清水浸泡 1 小时；红枣用温水泡发，去核。

2. 注水入锅，大火烧开，下薏米、大米同煮至六成熟。

3. 加入生麦片、红枣同煮至滚沸后，转小火慢熬至粥黏稠，加入适量的白糖，待白糖溶化后，倒入碗中，即可食用。

● 养生提示

　　此款薏米麦片粥富含蛋白质、膳食纤维等营养物质，能起到淡化色斑、润肠通便、排毒美肤的作用。

润肠除湿、
预防褐斑

孕期女性

孕初期（1～3月）：饮食无须摄入过多，营养搭配均衡即可，同时也可适当多吃些健脾和胃的食物。

孕中期（4～7月）：宜多食用一些补养气血的食物，同时也应增加一些蛋白质、钙、磷、铁等营养素的摄入。

孕晚期（8～9月）：需要补充更多、更优质的营养素，以保证胎儿发育和分娩消耗。

饮食建议　新鲜清淡☑　营养丰富☑　补血益气☑
　　　　　　　过量维生素 A ☒　烟酒☒　咖啡☒　茶☒　寒凉性滑食物☒

推荐食物

粥		鸡肉	
虾皮		豆制品	
红枣		山药	
鸡蛋		鱼肉	
苹果		菠菜	
豇豆		花生仁	

燕麦栗子糊

材料

 生燕麦片 20 克　 黄豆 30 克　 栗子 30 克　 白糖适量

做法

① 大米用清水洗净，浸泡 4 个小时；生燕麦片用清水洗净；黄豆洗净，用清水浸泡 6 ~ 8 小时；栗子去壳，取肉切碎。

② 将以上食材全部倒入豆浆机中，加水至上、下水位线之间，按下"米糊"键。

③ 豆浆机提示米糊煮好后，加入白糖，即可食用。

● 养生提示

此款燕麦栗子糊含有大量膳食纤维，具有缓解准妈妈便秘及增强体质的功效。

缓解孕期便秘

促进胚胎发育，提高免疫力

番茄豆腐米糊

材料

 小米 70 克　 豆腐 40 克　 番茄 1 个　 盐适量

做法

① 小米洗净，用清水浸泡 2 小时；豆腐切丁，入沸水焯 2 分钟；番茄洗净，去皮，切块。

② 将以上食材全部倒入豆浆机中，加水至上、下水位线之间，按下"米糊"键。

③ 豆浆机会提示米糊煮好后，加入白糖，即可食用。

● 养生提示

此款番茄豆腐米糊可以起到促进胚胎发育的功效，同时也还可以改善孕妇食欲。

缓解妊娠
反应

黑豆银耳百合豆浆

材料

黑豆 20 克　银耳 1 朵　百合 20 克　黄豆 50 克　白糖适量

做法

① 黄豆、黑豆分别洗净，用清水浸泡 6 ~ 8 小时；百合、银耳用温水泡开；银耳撕碎。

② 将以上食材全部倒入豆浆机中，加水至上、下水位线之间，按下"豆浆"键。

③ 待豆浆机提示豆浆做好后，倒出过滤，再加入适量的白糖，即可饮用。

● 养生提示

此款黑豆银耳百合豆浆具有滋阴润肺、清心宁神的功效，同时还可起到缓解孕妇焦虑性失眠及妊娠反应的作用。

玉米红豆豆浆

材料

鲜玉米粒60克　红豆 30 克　黄豆 30 克　白糖适量

做法

① 黄豆、红豆分别洗净，用清水浸泡 6 ~ 8 小时；鲜玉米粒洗净。

② 将以上食材全部倒入豆浆机中，加水至上、下水位线之间，按下"豆浆"键。

③ 待豆浆机提示豆浆做好后，倒出过滤，再加入适量的白糖，即可饮用。

● 养生提示

此款玉米红豆豆浆具有利尿消肿、调中健胃的功效，同时还可缓解孕期浮肿、食欲低下等症。

缓解孕期
浮肿

葱白乌鸡糯米粥

养生提示

此款乌鸡糯米粥具有补气养血、安胎止痛的功效，对血虚导致的胎动有一定的改善作用。

材料

乌鸡腿1只　糯米200克　葱白30克　盐适量

做法

① 糯米洗净，用清水浸泡4小时；乌鸡腿剁成块，入沸水焯去血污；大葱去头、须，切成小段。

② 在锅内注入适量凉水，放入乌鸡块大火烧开后，转小火煮20分钟后加入糯米同煮。

③ 待米煮开后，转小火慢熬至粥黏稠，加入适量的葱段、盐，稍煮片刻后，将粥倒入碗中，即可食用。

补气养血、提高生理机能

产后女性

产后女性身体一般较为虚弱，需要坐月子进补以恢复元气。但产后初期不宜骤然进补，否则易出现脾胃消化不良、难以吸收的情况。进补时宜以清淡为主，同时可适当食用些温补之物，以防寒入侵，此外乳汁少的女性还应多食用些催乳食物，以增加乳汁分泌。

- **饮食建议** 荤素搭配☑ 优质蛋白质☑ 新鲜水果☑ 骨肉汤☑
  巧克力☒ 麦芽☒ 韭菜☒ 花椒☒ 甜腻食品☒

- **推荐食物**

芝麻酱		小米	
鲫鱼		鹌鹑蛋	
鸡肉		猪蹄	
豆制品		鲜玉米粒	
银耳		木瓜	
当归		红枣	

莲藕米糊

材料

 莲藕 80 克　 糯米 100 克　 红糖适量

做法

1 莲藕洗净，去皮，切丁；糯米洗净，用清水浸泡 4 小时。

2 将以上食材全部倒入豆浆机中，加水至上、下水位线之间，按下"米糊"键。

3 米糊煮好后，豆浆机会提示做好；倒入碗中后，加入适量的红糖，即可食用。

• 养生提示

莲藕与糯米同打为米糊食用，可起到清除产后瘀血的作用，但产后大出血者不宜食用。

健脾开胃、养心和血

红豆紫米豆浆

材料

 红豆 30 克　 紫米 30 克　 黄豆 40 克　 白糖适量

做法

1 黄豆、红豆分别洗净，用清水浸泡 6 ~ 8 小时；紫米洗净，用清水浸泡 4 小时。

2 将以上食材全部倒入豆浆机中，加水至上、下水位线之间，按下"豆浆"键。

3 待豆浆机提示豆浆做好后，倒出过滤，再加入适量的白糖，即可饮用。

补中益气

• 养生提示

红豆、紫米都是补血补肾佳品，产后女性饮用此款红豆紫米豆浆可起到补气活血、恢复体力的作用。

猪蹄黑芝麻粥

材料

猪蹄 1 只　黑芝麻 30 克　黄豆 20 克　大米 50 克　盐适量

做法

① 大米、黄豆分别洗净，大米用清水浸泡 1 小时；黄豆用清水浸泡 4 小时；黑芝麻洗净，控干；猪蹄洗净，剁块，入沸水焯去血污。

② 在锅内注入适量的清水，放入猪蹄大火煮 2 ～ 3 小时后，加入黄豆、大米、黑芝麻同煮。

③ 待米、豆煮至滚沸后，转小火慢熬至粥黏稠，加入适量的盐调味，继续熬煮 5 分钟，将粥倒入碗中，即可食用。

滋阴养血、补虚增乳

更年期女性

　　女性进入更年期后由于卵巢功能减退，易造成自主神经功能紊乱，出现烦躁易怒、失眠、月经不调、自汗盗汗、精力衰退等症状。需要注意的是更年期女性除了需要注意精神调节外，科学的饮食习惯也很重要。通过合理的膳食调养，不仅能够缓解更年期症状，甚至还可起到延缓衰老的作用。

●饮食建议 B 族维生素☑　补血益气食物☑　含铁食物☑
　　　　　　高盐☒　高糖☒　高脂☒　烟酒☒　咖啡☒

●推荐食物

豆浆		阿胶	
当归		蜂王浆	
鸭肉		香菇	
红枣		桂圆	
莲子		百合	
猪心		牛奶	

黄豆黑米糊

材料

 黑米 50 克　 黄豆 60 克　 白糖适量

做法

① 黑米洗净，用清水浸泡 4 小时；黄豆洗净，用清水浸泡 6 ~ 8 小时。

② 将以上食材全部倒入豆浆机中，加水至上、下水位线之间，按下"米糊"键。

③ 米糊煮好后，豆浆机会提示做好；倒入碗中后，加入适量的白糖，即可食用。

补充矿物质、延缓衰老

● 养生提示

黑米有滋阴补肾、延缓衰老的功效；黄豆可双向调节雌性激素，二者同打为米糊食用可起到延缓女性更年期的作用。

桂圆大米糊

材料

 大米 70 克　 桂圆肉 40 克　 白糖适量

做法

① 大米洗净，用清水浸泡 2 小时；桂圆肉用温水泡开。

② 将以上食材全部倒入豆浆机中，加水至上、下水位线之间，按下"米糊"键。

③ 米糊煮好后，豆浆机会提示做好，倒入碗中后，加入适量的白糖，即可食用。

● 养生提示

此款桂圆大米糊具有补脾健胃、安养心神、活血补血的功效，适合更年期失眠女性食用。

补血、安养心神

莲藕雪梨豆浆

材料

 莲藕 30 克　 雪梨 1 个　 黄豆 50 克　 白糖适量

做法

① 黄豆洗净，用清水浸泡 6 ~ 8 小时；莲藕洗净，去皮，切小块；雪梨洗净，去皮，去核，切成小块。

② 将以上食材全部倒入豆浆机中，加水至上、下水位线之间，按下"豆浆"键。

③ 待豆浆机提示豆浆做好后，倒出过滤，再加入适量的白糖，即可饮用。

● 养生提示

此款莲藕雪梨豆浆具有养血止血、乌发明目、延年益寿、养阴清热的功效。

安神宁心，补脾养血

改善烦躁、失眠等更年期症状

糯米桂圆豆浆

材料

 糯米 30 克　 桂圆肉 20 克　 黄豆 50 克　 红糖适量

做法

① 黄豆洗净，用清水浸泡 6 ~ 8 小时；糯米洗净，用清水浸泡 4 小时；桂圆肉用温水泡开。

② 将以上食材全部倒入豆浆机中，加水至上、下水位线之间，按下"豆浆"键。

③ 待豆浆机提示豆浆做好，倒出过滤，加入适量的红糖，即可食用。

● 养生提示

糯米、桂圆都是补血补气的佳品，此款糯米桂圆豆浆尤其适宜体质偏寒、血虚的更年期女性饮用。

 合欢花粥

材料

合欢花 20 克　　大米 100 克　　白糖适量

做法

① 大米洗净，用清水浸泡 1 小时；合欢花用温水泡开。

② 注水入锅，大火烧开，下大米熬煮，边煮边搅拌。

③ 待米煮至滚沸后，加入合欢花转小火慢熬至米烂粥稠，加入适量的白糖调味，待白糖溶化后，将粥倒入碗中，即可食用。

安神解郁

电脑族、熬夜者

　　长时间观看电视或使用电脑会导致皮肤暗黄、眼痛眼干、视力下降等症状；熬夜则不管是对皮肤、眼睛还是身体其他脏腑器官都会带来巨大损耗。对于电脑族和熬夜者，尤其是熬夜的电脑一族，晚间食用一些米糊、豆浆或杂粮粥，可以起到补充热量、缓解身体疲劳、缓解眼部疲劳等效果。

•饮食建议　维生素 A ☑　　B 族维生素☑　　维生素 C ☑　　清淡饮食☑
　　　　　　　高脂☒　　烟酒☒　　咖啡☒　　浓茶☒　　大鱼大肉☒

•推荐食物

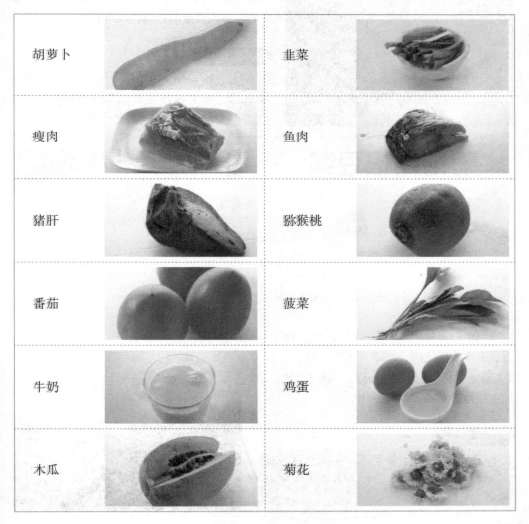

胡萝卜		韭菜	
瘦肉		鱼肉	
猪肝		猕猴桃	
番茄		菠菜	
牛奶		鸡蛋	
木瓜		菊花	

明目养肝、美白肌肤

木瓜米糊

材料

木瓜 1 个

大米 100 克

白糖适量

做法

1. 木瓜洗净，去皮，去籽，切成小块；大米洗净，用清水浸泡 2 小时。

2. 将以上食材全部倒入豆浆机中，加水至上、下水位线之间，按下"米糊"键。

3. 米糊煮好后，豆浆机会提示做好；倒入碗中后，加入适量的白糖，即可食用。

· 养生提示 ·

木瓜所含的维生素 A、维生素 C 等营养元素，可起到缓解因长期凝视电脑屏幕而引起的眼干、眼痛等症状的作用。

菊花枸杞豆浆

材料

菊花 15 克

枸杞 15 克

黄豆 70 克

冰糖适量

做法

1. 黄豆洗净，用清水浸泡 6～8 小时；菊花、枸杞用温水泡开。

2. 将以上食材全部倒入豆浆机中，加水至上、下水位线之间，按下"豆浆"键。

3. 待豆浆机提示豆浆做好后，倒出过滤，再加入适量的白糖，即可饮用。

· 养生提示 ·

经常饮用此款菊花枸杞豆浆有助于抵抗电脑辐射、保护眼睛，尤其适宜上班族饮用。

保护眼睛、防辐射

南瓜花生黄豆浆

材料

南瓜 30 克　花生仁 20 克　黄豆 50 克　白糖适量

做法

① 黄豆洗净，用清水浸泡6～8小时；花生仁用温水泡开；南瓜洗净，去皮，去瓤，切成小块。

② 将以上食材全部倒入豆浆机中，加水至上、下水位线之间，按下"豆浆"键。

③ 待豆浆机提示豆浆做好后，倒出过滤，再加入适量的白糖，即可饮用。

▶ 养生提示

此款南瓜花生黄豆浆中，南瓜含有丰富的胡萝卜素，可起到缓解眼部疲劳的作用；花生仁、黄豆等都具有滋润皮肤的作用。

滋润肌肤、缓解眼部疲劳

大米决明子粥

材料

炒决明子15克　大米 100 克　冰糖适量

做法

① 大米洗净，用清水浸泡1小时；炒决明子加水煎汤，取汁备用。

② 注水入锅，大火烧开，倒入大米熬煮，边煮边搅拌。

③ 待米滚沸后，加入决明子汁，转小火慢熬至粥稠，加入适量的冰糖，待冰糖溶化后，将粥倒入碗中，即可食用。

补肝养血、缓解身体疲劳

▶ 养生提示

决明子具有明目护眼的功效，常饮此粥还可起到利水通便的作用。

黑豆枸杞粥

材料

 黑豆 60 克　　 大米 40 克　　 枸杞 15 克　　 红枣 10 个　　 生姜 1 小块　　 红糖适量

做法

① 黑豆、大米洗净，黑豆用清水浸泡 4 小时；大米用清水浸泡 1 小时；枸杞、红枣用温水泡开，红枣去核；生姜洗净，去皮，切丝。

② 注水入锅，大火烧开，倒入黑豆煮至六成熟，加入大米、枸杞、红枣、生姜末同煮。

③ 待米煮至滚沸后，转小火慢慢熬煮至豆烂粥稠，加入适量的红糖，待红糖溶化后，将粥倒入碗中，即可食用。

● 养生提示

　　黑豆、枸杞具有补肾明目的功效；红枣、生姜可行气活血，四者同煮粥食用可起到补肾护眼的效果。

养肝明目，补肾益血

脑力劳动者

　　脑力劳动以体力劳动强度不大而神经高度紧张为主要特征。一般来讲，作家、教师、律师、编辑人员等都属于脑力劳动者。脑力劳动者大多长期久坐、肌肉活动较少，长期下来很容易出现头痛、肌肉僵硬、视力下降等症状。脑力劳动者在保健方面一要注意增加运动量，同时饮食上要多摄入一些健脑益脑食品。

● **饮食建议** 少糖少油☑　碱性食物☑　乳类☑　坚果类☑
　　　　　　咖啡☒　过饱☒　不吃早饭☒　晚餐过晚☒

● **推荐食物**

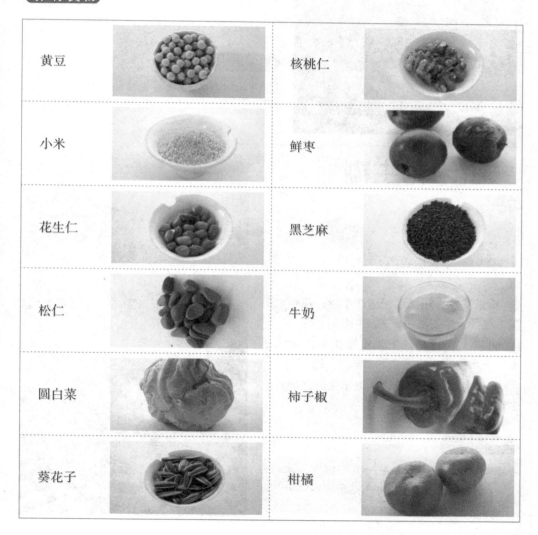

黄豆		核桃仁	
小米		鲜枣	
花生仁		黑芝麻	
松仁		牛奶	
圆白菜		柿子椒	
葵花子		柑橘	

益智健脑

核桃米糊

材料

大米 100 克　　核桃仁 50 克　　白糖适量

做法

① 大米洗净，用清水浸泡 2 小时；核桃仁用温水泡开。

② 将以上食材全部倒入豆浆机中，加水至上、下水位线之间，按下"米糊"键。

③ 米糊煮好后，豆浆机会提示做好；倒入碗中后，加入适量的白糖，即可食用。

● 养生提示

此款核桃粥除益智健脑功效外，还具有健胃补血、润肺安神、延缓衰老的功效。

小米花生糊

材料

小米 80 克　　花生仁 30 克　　生姜 1 小块

做法

① 小米洗净，用清水浸泡 2 小时；花生仁用温水泡开；生姜洗净，去皮切丝。

② 将以上食材全部倒入豆浆机中，加水至上、下水位线之间，按下"米糊"键。

③ 米糊煮好后，豆浆机会提示做好，倒入碗中后，即可食用。

● 养生提示

此款小米花生米糊除了可以有效地缓解脑力疲劳外，还具有滋阴补肾、健脾和胃、润肺清热的功效。

缓解身体疲劳

核桃芝麻豆浆

材料

核桃仁 20 克　　黑芝麻 20 克　　黄豆 60 克　　白糖适量

做法

① 黄豆洗净，用清水浸泡 6 ~ 8 小时；核桃仁用温水泡开；黑芝麻洗净。

② 将以上食材全部倒入豆浆机中，加水至上、下水位线之间，按下"豆浆"键。

③ 待豆浆机提示豆浆做好后，倒出过滤，再加入适量的白糖，即可饮用。

健脑益智

● 养生提示

核桃仁、黑芝麻都是补脑佳品，此款核桃芝麻豆浆尤其适宜补脑、增强记忆力。脑力劳动者可经常饮用。

明目养肝、
补脑益智

核桃紫米粥

材料

核桃仁 30 克　　紫米 50 克　　糯米 30 克　　冰糖适量

做法

① 紫米、糯米分别洗净，用清水浸泡 2 小时；核桃仁用温水泡开，压碎。

② 注水入锅，大火烧开，将全部食材一同倒入锅中，边煮边搅拌。

③ 待米煮至滚沸后，转小火继续慢慢熬煮至粥稠，加入适量的冰糖，待冰糖溶化后，将粥倒入碗中，即可食用。

● 养生提示

此款核桃紫米粥富含多种氨基酸和矿物质，具有补血补虚、明目润燥的功效。

松子仁粥

材料

松仁 30 克　黑芝麻 15 克　大米 100 克　白糖适量

● 养生提示

　　松子仁和黑芝麻都含有大量不饱和脂肪酸、矿物质等健脑成分，经常食用可起到增强脑细胞代谢的作用。

做法

1. 大米洗净，用清水浸泡 1 小时；松子仁、黑芝麻分别洗净，控干。

2. 注水入锅，大火烧开，将所有食材一起下入锅中，边煮边搅拌。

3. 待米煮至滚沸后，转小火继续慢慢熬煮至粥稠，加入适量的白糖，待白糖溶化后，将粥倒入碗中，调味即可食用。

增强专注力和记忆力

体力劳动者

体力劳动者主要以肌肉、骨骼活动为主，具有需氧量高、能量消耗多、物质消耗旺盛等特点。体力劳动者除了要保证主食摄入，获取充足的热量外，还应适当吃一些易消耗的米糊、粥以及豆浆、果汁等，及时补充蛋白质、维生素、矿物质等营养物质，以帮助快速恢复体力。

•饮食建议 补充水分和矿物质☑ 高热量☑ 豆类☑ 坚果类☑
　　　　　　过饱☒ 酗酒☒ 饮食单一☒ 饥饿劳动☒

•推荐食物

食物		食物	
牛奶		黑豆	
杏仁		花生仁	
番茄		哈密瓜	
榛子仁		咸鸭蛋	
茴香		瘦肉	
柑橘		黄豆	

补充体能、
减轻疲劳

花生杏仁黄豆糊

材料

黄豆 80 克　花生仁 50 克　杏仁 20 克　　白糖适量

做法

❶ 黄豆洗净，用清水浸泡 6 ~ 8 小时；花生仁、杏仁用温水泡开。

❷ 将以上食材全部倒入豆浆机中，加水至上、下水位线之间，按下"米糊"键。

❸ 米糊煮好后，豆浆机会提示做好，倒入碗中后，加入适量的白糖，即可食用。

● 养生提示

　　此款花生杏仁黄豆糊具有快速补充体能及减轻身体疲劳感的功效，经常食用可提高体质。

腰果花生米糊

材料

大米 100 克　腰果 30 克　花生仁 30 克　白糖适量

做法

❶ 大米洗净，用清水浸泡 2 小时；腰果、花生仁用清水泡开。

❷ 将以上食材全部倒入豆浆机中，加水至上、下水位线之间，按下"米糊"键。

❸ 米糊煮好后，豆浆机会提示做好，倒入碗中后，加入适量的白糖，即可食用。

● 养生提示

　　此款腰果花生糊具有补肾健脾、润肠通便的功效，但因花生仁和腰果的油脂含量都比较高，因此胆功能不良者应少食。

补肾强身

杏仁榛子豆浆

材料

杏仁 20 克　榛子仁 15 克　黄豆 60 克　白糖适量

做法

① 黄豆洗净，用清水浸泡 6 ~ 8 小时；杏仁用温水泡开；榛子仁洗净。

② 将以上食材全部倒入豆浆机中，加水至上、下水位线之间，按下"豆浆"键。

③ 待豆浆机提示豆浆做好后，倒出过滤，再加入适量的白糖，即可饮用。

• 养生提示

杏仁和榛子仁富含油脂，有助于人体对脂溶性维生素的吸收，进而起到恢复体力的作用。

迅速恢复体力

缓解肌肉酸痛

茴香大米粥

材料

茴香 30 克　大米 100 克　盐适量

做法

① 大米洗净，用清水浸泡 1 小时；小茴香洗净，一部分加水煎煮，取汁备用，剩余部分切末。

② 注水入锅，大火烧开，倒入大米煮至滚沸后加入茴香汁转小火慢熬。

③ 待粥煮至九成熟时，加入茴香末和适量的盐同煮片刻，盛出，即可食用。

• 养生提示

此款茴香大米粥可起到开胃进食及缓解肌肉酸痛的作用，但有实热、虚火者不宜食用。

咸蛋鸭肉芹菜粥

材料

咸蛋 1 个　　鸭肉 50 克　　芹菜 20 克　　大米 100 克　　葱花适量　　高汤 5000 毫升

做法

1. 大米洗净，用清水浸泡 1 小时；鸭肉切成薄片；咸蛋去皮，切成碎丁；芹菜洗净，切成小段。

2. 高汤与适量的清水同煮开，倒入大米煮至滚沸后转小火熬煮 20 分钟。

3. 加入鸭肉片、咸蛋丁、芹菜段同煮约 10 分钟，撒上葱花，再加入适量的盐，待盐溶化后，将粥倒入碗中，即可食用。

养生提示

　　此款咸蛋鸭肉芹菜粥富含蛋白质、维生素、矿物质等营养元素，经常食用可滋阴补血，增强体质。

补血活血、
增强体力

常饮酒者

经常饮酒可对人体造成不小伤害，酒中含有的酒精能够强烈刺激食道和胃肠道黏膜，不仅容易引起或加重胃溃疡，甚至还有可能引发食道癌、肠癌和肝癌等疾病。对于女性来说，经常饮酒还会加大患乳腺癌的概率。所以常饮酒者最好争取改变这一习惯，不得不喝时也要注意做到饮酒不空腹、不过量。

● **饮食建议** 蔬果汁☑ 维生素 C☑ 动物肝脏☑ 滋阴食品☑
浓茶☒ 空腹饮酒☒ 高脂肪☒ 辛辣☒ 熏烤食物☒

● **推荐食物**

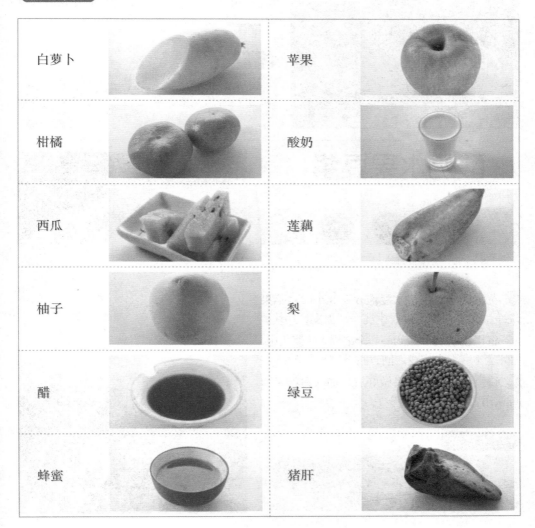

白萝卜		苹果	
柑橘		酸奶	
西瓜		莲藕	
柚子		梨	
醋		绿豆	
蜂蜜		猪肝	

补血安神、
醒酒补肝

猪肝牛奶米糊

材料

大米 100 克　猪肝 50 克　牛奶 100 毫升　白糖适量

做法

1 大米洗净，用清水浸泡2小时；猪肝洗净，切成碎丁，入沸水焯去污血，捞起控干。

2 将以上食材加上牛奶全部倒入豆浆机中，加水至上、下水位线之间，按下"米糊"键。

3 米糊煮好后，豆浆机会提示做好，倒入碗中后，加入适量的白糖，即可食用。

● **养生提示**

　　此款猪肝牛奶米糊中，猪肝具有提高机体解酒的能力；牛奶、白糖混合后有助于保护胃黏膜。

酸奶水果豆浆

材料

酸奶150毫升　苹果 1 个　猕猴桃 1 个黄豆 50 克　白糖适量

做法

1 黄豆洗净，用清水浸泡6～8小时；苹果洗净，去皮切块；猕猴桃洗净，去皮，切块。

2 将以上食材和酸奶一起全部倒入豆浆机中，加水至上、下水位线之间，按下"豆浆"键。

3 待豆浆机提示豆浆做好后，加入白糖，即可饮用。

● **养生提示**

　　酸奶有保护胃黏膜免受酒精刺激的作用，猕猴桃和苹果具有醒酒的功效，此款豆浆尤其适合饮酒应酬者饮用。

保护胃
黏膜

苹果粥

材料

苹果 1 个　　大米 100 克　　蜂蜜适量

● 养生提示

　　苹果性偏凉，味甘、酸，具有开胃醒酒的功效，同时还可起到缓解宿醉引起的口渴、咽干、心烦等症的作用。

做法

① 大米洗净，用清水浸泡 1 小时；苹果洗净，去皮，去核，切成小块。

② 注水入锅，大火烧开，下大米熬煮，边煮边适当翻搅。

③ 待米煮至翻滚后，加入苹果块转小火慢熬至米软粥稠，加入适量的蜂蜜，待蜂蜜全部搅匀后，将粥倒入碗中，即可食用。

减轻酒醉引起的心烦口渴症状

常吸烟者

吸烟不仅会增加患肺病、肺癌的概率，也易导致高血压、冠心病、十二指肠溃疡等疾病。女性吸烟还容易产生月经紊乱、雌激素低下、受孕困难、宫外孕、更年期提前等状况。吸烟者最好能尽量戒烟，若一时做不到戒烟，则应从饮食、其他生活习惯上注意调养，以降低吸烟造成的危害。

● **饮食建议** 高纤维食品☑ 含硒食物☑ 新鲜蔬果☑ 润肺食物☑
　　　　　　饱和脂肪酸食物☒ 高胆固醇☒ 甜点☒ 刺激性饮料☒

● **推荐食物**

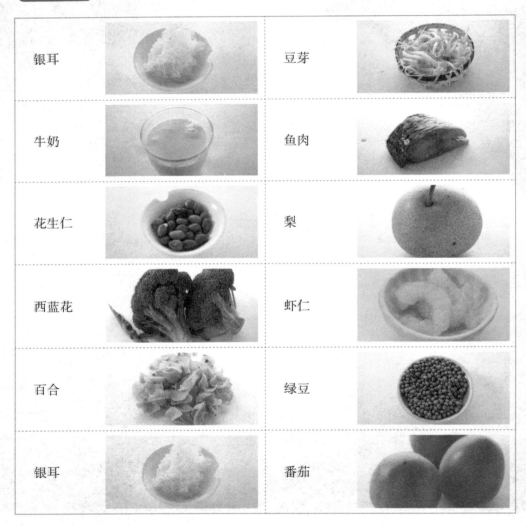

银耳		豆芽	
牛奶		鱼肉	
花生仁		梨	
西蓝花		虾仁	
百合		绿豆	
银耳		番茄	

黄芪大米米糊

材料

黄芪 20 克　　　大米 100 克　　　盐适量

做法

① 大米洗净，用清水浸泡 2 小时；黄芪加水炖煮半小时，取汁备用。

② 将浸泡好的大米和黄芪汁全部倒入豆浆机中，加水至上、下水位线之间，按下"米糊"键。

③ 米糊煮好后，豆浆机会提示做好，倒入碗中后，加入适量的盐，即可食用。

• 养生提示

　　此款黄芪大米粥具有养血、补肺气、清肺热，但气滞湿阻、食积停滞、痈疽者应忌食。

润肺止咳

百合莲藕绿豆浆

材料

百合 20 克　　莲藕 30 克　　绿豆 50 克　　白糖适量

做法

① 绿豆洗净，用清水浸泡 6 ~ 8 小时；百合用温水泡开；莲藕洗净，去皮，切成小块。

② 将以上食材全部倒入豆浆机中，加水至上、下水位线之间，按下"豆浆"键。

③ 待豆浆机提示豆浆做好后，倒出过滤，再加入适量的白糖，即可饮用。

• 养生提示

　　此款百合莲藕绿豆浆具有清心润肺、解毒去热、滋阴生血功效，尤其适宜常吸烟者饮用。

润肺化痰、清热解毒

银耳粥

材料

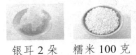

银耳 2 朵　　糯米 100 克　　枸杞 5 克　　冰糖适量

◆ 养生提示

此款银耳粥除具有滋阴润肺、化痰功效外，同时还具有强精补肾、和血润肠、强心壮身、美容润肤的功效。

做法

① 糯米洗净，清水浸泡 4 小时；银耳用温水泡发，去蒂，撕成小朵；枸杞用温水泡开。

② 注水入锅，大火烧开，倒入糯米和银耳同煮，边煮边搅拌。

③ 待米煮至滚沸后，加入枸杞转小火慢熬至米软粥稠，加入适量的冰糖调味，待冰糖溶化后，将粥倒入碗中，即可食用。

滋阴润肺、化痰

常在外就餐

　　多数上班族为了快捷方便都有在外就餐的习惯，但一般而言，若单独在外就餐则难免进食单一，不能均衡地摄入多种营养；若多人聚餐则又容易进食过多的油腻荤腥，埋下患上高血脂、冠心病等心血管疾病的隐患。因此常在外就餐者平日更应注意均衡饮食，全面摄入各种营养，同时少食辛辣、清淡饮食。

●饮食建议　绿叶蔬菜☑　高纤维类食物☑　晨起一杯蜂蜜水☑
　　　　　　　烟酒☒　辛辣☒　高脂高油☒　饮食不规律☒

●推荐食物

糙米		鱼肉	
白菜		苹果	
橙子		葡萄	
酸奶		猪肝	
蜂蜜		芹菜	
豆浆		紫薯	

健脾和胃

鲈鱼杂粮米糊

材料

鲈鱼肉 50 克

大米 50 克

荞麦 25 克

黄豆 25 克　　料酒适量

盐适量

做法

① 鲈鱼肉加料酒腌渍；大米、荞麦、黄豆洗净后用清水浸泡；分别洗净。

② 将以上食材倒入豆浆机中，加入适量水，按下"米糊"键；米糊煮好后，加入盐，即可食用。

● 养生提示

此款鲈鱼杂粮米糊具有调节肠道功能及提高机体免疫力的作用。

五谷豆浆

材料

黑豆 20 克

青豆 20 克

黄豆 20 克

扁豆 20 克

花生仁 20 克

白糖适量

做法

① 黄豆、黑豆、青豆用清水浸泡；扁豆洗净切碎；花生仁用温水泡开。

② 将全部食材倒入豆浆机中，加入适量的水，按下"豆浆"键；待豆浆做好后，加入白糖，即可饮用。

● 养生提示

此款豆浆具有降脂降糖的功效，适宜在外就餐者解腻清脂时饮用。

增强免疫力、降脂降糖

苹果燕麦豆浆

材料

苹果 1 个　生燕麦片 30 克　黄豆 50 克　白糖适量

做法

① 黄豆洗净，用清水浸泡 6 ~ 8 小时；生燕麦片洗净，用清水浸泡半小时；苹果洗净，去皮，去核，切成小块。

② 将以上食材全部倒入豆浆机中，加水至上、下水位线之间，按下"豆浆"键。

③ 待豆浆机提示豆浆做好后，倒出过滤，再加入适量的白糖，即可饮用。

◆ 养生提示

苹果和燕麦都具有润肠清肠的功效，二者同打为豆浆，可起到维持肠道健康的作用。

保护肠胃

调节血脂、预防肠癌

南瓜红薯玉米粥

材料

南瓜 50 克　红薯 50 克　鲜玉米粒 30 克　大米 50 克　盐适量

做法

① 大米用清水浸泡 1 小时；南瓜洗净，去皮切块；红薯去皮，切块；鲜玉米粒洗净。

② 注水入锅，大火烧开，将所有食材一起倒入锅中，待米滚沸后，转小火继续慢熬至米软粥稠，加入盐调味，继续熬煮 5 分钟后，即可食用。

◆ 养生提示

南瓜、红薯等都含有大量食用纤维，经常食用此粥可起到改善在外就餐造成的便秘、高血脂等症的作用。

紫薯银耳粥

材料

紫薯 100 克

银耳 3 朵

红枣 5 个

大米 20 克

冰糖适量

做法

① 大米洗净，用清水浸泡 1 小时；紫薯洗净，去皮，切小块；银耳用温水泡发，去蒂，撕成小朵；红枣用温水泡开，去核。

② 注水入锅，大火烧开，将所有食材一起入锅同煮，边煮边搅拌。

③ 待煮至滚沸后，转小火洗净熬至粥稠，加入适量的冰糖调味，待冰糖溶化后，将粥倒入碗中，即可食用。

• 养生提示

此款紫薯银耳粥除具有润肠通便的功效外，还具有抗癌防癌、延缓衰老、美肤润肤的功效。

调和脾胃

第九章
防病祛病
——米糊、豆浆、杂粮粥

感冒

感冒一般由外感寒邪引起，同时也和人体自身免疫力有很大关系。因此在饮食调养上，一方面需要从温阳散寒入手，适当食用一些辛味食物，以驱逐寒气；另一方面还需要补充营养，提高身体自身免疫力，从根本上起到预防感冒的作用。

● 饮食建议 辛味食物☑ 优质蛋白☑ 维生素C☑ 各种矿物质☑
寒凉食物☒ 油腻☒ 浓茶☒ 浓咖啡☒ 烟酒☒

● 推荐食物

瘦肉		生姜	
蜂蜜		大葱	
柠檬		豆浆	
杏仁		牛奶	
菜花		核桃仁	
橙子		薄荷	

韭菜瘦肉米糊

材料

韭菜 50 克　猪瘦肉 20 克　大米 100 克　　盐适量

做法

① 韭菜去黄叶，洗净，切碎；瘦肉洗净，切碎；大米洗净，用清水浸泡 2 小时。

② 将以上食材全部倒入豆浆机中，加水至上、下水位线之间，按下"米糊"键。

③ 米糊煮好后，豆浆机会提示做好，倒入碗中后，加入适量的盐，即可食用。

● 养生提示

　　韭菜性温，味辛，具有温中散寒、活血温阳的功效。此款韭菜瘦肉粥可起到预防因风寒导致感冒的作用。

温暖身体、提升阳气

驱散风寒

葱白生姜糯米糊

材料

糯米 100 克　葱白 30 克　生姜 1 小块　　醋适量

做法

① 糯米洗净，用清水浸泡 4 小时；葱白加水煎煮半小时，取汁；生姜洗净，去皮，切丝。

② 将以上食材全部倒入豆浆机中，加水至上、下水位线之间，按下"米糊"键。

③ 米糊煮好后，豆浆机会提示做好，倒入碗中后，加入适量的醋，即可食用。

● 养生提示

　　葱白性温，味辛，与生姜搭配食用具有发汗散寒的功效，同时也可起到辅助治疗感冒的作用。

生姜红枣豆浆

材料

生姜 1 小块　　红枣 10 个　　黄豆 60 克　　红糖适量

做法

1. 黄豆洗净，用清水浸泡 6 ~ 8 小时；红枣用温水泡开，去核；生姜洗净，去皮，切成薄片。

2. 将以上食材全部倒入豆浆机中，加水至上、下水位线之间，按下"豆浆"键。

3. 待豆浆机提示做好，倒出过滤后调入适量红糖即可。

预防感冒、减轻感冒症状

● 养生提示

此款生姜红枣豆浆具有促使血液循环加快及预防感冒的作用。

橘皮杏仁豆浆

材料

橘皮 15 克　　杏仁 30 克　　黄豆 50 克　　白糖适量

做法

1. 黄豆洗净，用清水浸泡 6 ~ 8 小时；杏仁用温水泡开；橘皮用温水泡开，切碎。

2. 将以上食材全部倒入豆浆机中，加水至上、下水位线之间，按下"豆浆"键。

3. 待豆浆机提示豆浆做好后，倒出过滤，再加入适量的白糖，即可饮用。

● 养生提示

此款橘皮杏仁豆浆可起到预防普通感冒和流行性感冒的作用。

缓解感冒症状

葱白大米粥

材料

葱白30克   大米100克   盐适量

做法

1. 大米洗净，用清水浸泡1小时；葱白洗净，切成段。
2. 注水入锅，大火烧开，倒入大米熬煮，边煮边搅拌。
3. 待米煮开，转小火熬至8成熟，加入葱段，同煮至粥成，再加入适量的盐，待盐溶化后，将粥倒入碗中，即可食用。

防治风寒型感冒

咳嗽

咳嗽在中医学中可分为风寒咳嗽、风热咳嗽、风燥咳嗽、痰湿咳嗽、痰热咳嗽、肝火咳嗽以及肺阴虚咳嗽等。一般而言风寒、风热、风燥咳嗽宜以疏风散热、清肺润燥为主；痰湿引起的咳嗽则宜通过健脾化湿来止咳化痰；肝火引起的咳嗽应以平肝火为主；肺阴虚导致的咳嗽则需通过滋阴润肺来治疗。

●**饮食建议** 滋阴食物☑ 白色食物☑ 清淡饮食☑ 多饮水☑
多油☒ 生冷☒ 辛辣☒ 煎炸食物☒ 烟酒☒

●**推荐食物**

川贝		蜂蜜	
银耳		枇杷	
橙子		猪肝	
鸭蛋		荠菜	
陈皮		绿豆	
杏仁		百合	

杏仁生姜橘皮米糊

材料

大米 80 克　杏仁 20 克　橘皮 15 克　生姜 1 块　红糖适量

做法

① 大米洗净，用清水浸泡 2 小时；杏仁用温水泡开；橘皮、生姜加水煎煮半小时，取汁备用。

② 将以上材料倒入豆浆机中，加水至上、下水位线之间，按下"米糊"键。

③ 米糊煮好后，豆浆机会提示做好；倒入碗中后，加入适量的红糖，即可食用。

● 养生提示

此款杏仁生姜橘皮米糊具有化痰止咳、散寒温中、调和脾胃的功效，但有实热者不宜食用。

化痰止咳、驱散寒邪

润肺止咳、化痰消炎

雪梨银耳川贝米糊

材料

大米 80 克　银耳 1 朵　雪梨 1 个　川贝 5 粒　白糖适量

做法

① 大米洗净，用清水浸泡 2 小时；银耳、川贝分别用温水泡发；雪梨洗净，去皮去核，切小块。

② 将以上食材全部倒入豆浆机中，加水至上、下水位线之间，按下"米糊"键。

③ 米糊煮好后，加入白糖，即可食用。

● 养生提示

此款雪梨银耳川贝米糊中，川贝具有化痰止咳的功效，银耳、雪梨也具有较强的滋阴润燥作用。

改善干咳症状

白果豆浆

材料

白果 10 克

黄豆 80 克

白糖适量

做法

① 黄豆洗净，用清水浸泡 6 ~ 8 小时；白果去壳，取肉，用温水泡开。

② 将以上食材全部倒入豆浆机中，加水至上、下水位线之间，按下"豆浆"键。

③ 待豆浆机提示豆浆做好后，倒出过滤，再加入适量的白糖，即可饮用。

● 养生提示

此款白果黄豆豆浆对肺燥引起的干咳有较强的辅助治疗作用，但白果有小毒，不易过量食用，且儿童饮用时须谨慎。

百合粥

材料

百合 40 克

红枣 5 个

大米 100 克

冰糖适量

做法

① 大米洗净，用清水浸泡 1 小时；百合、红枣分别用温水泡开。

② 注水入锅，大火烧开，倒入大米熬煮，边煮边搅拌，米煮开后，加入百合、红枣同煮，待米再次煮开，加入适量的冰糖，待冰糖溶化后，将粥倒入碗中，即可食用。

● 养生提示

百合富含多种生物碱、蛋白质等营养物质，对由体虚肺弱引起的肺结核等症状具有辅助治疗的作用。

润肺止咳

莲子大米粥

材料

 莲子 50 克

 枸杞 10 克

 大米 80 克

 冰糖适量

● 养生提示

此款莲子大米粥除具有安神、清心的功效外，还具有止咳祛火的作用。

做法

① 大米洗净，用清水浸泡 1 小时；莲子用温水泡开，去衣，去芯；枸杞用温水泡开。

② 注水入锅，大火烧开，倒入大米、莲子同煮，边煮边搅拌。

③ 待米煮开后，加入枸杞转小火熬至米软粥稠，再加入适量的冰糖，待冰糖溶化后，倒入碗中，即可食用。

安神、防治
咳嗽不止

口腔溃疡

口腔溃疡指的是发生在口腔黏膜上的浅表性溃疡，溃疡面可由米粒至黄豆大小，病情具有反复性、周期性等特点。口腔溃疡一般可由上火、精神紧张、激素水平改变、维生素或微量元素缺乏、局部创伤等引起。弄清楚病因后，病者再根据医嘱选择适当食物进行调理即可。

·饮食建议 清淡饮食☑　新鲜水果☑　滋阴食物☑
高盐☒　油炸☒　辛辣☒　烟酒☒　生冷食物☒

·推荐食物

糙米		全麦	
鸡蛋		豆腐	
牛奶		银耳	
绿豆		蒲公英	
小米		胡萝卜	
菠菜		乌梅	

荠菜小米米糊

材料

小米 30 克　　大米 40 克　　荠菜 50 克　　盐适量

做法

① 小米洗净，用清水浸泡 2 小时；荠菜洗净，切碎。

② 将以上食材全部倒入豆浆机中，加水至上、下水位线之间，按下"米糊"键。

③ 米糊煮好后，豆浆机会提示做好；倒入碗中后，加入适量的盐，即可食用。

● 养生提示

此款荠菜小米米糊除防治口腔溃疡外，还具有和胃、利水、明目、止血的功效，尤其适宜产后出血、水肿者食用。

防治口腔溃疡

预防口腔溃疡

胡萝卜菠菜米糊

材料

胡萝卜 50 克　菠菜 50 克　　大米 100 克　　盐适量

做法

① 胡萝卜洗净，切丁；菠菜洗净，切碎；大米洗净，用清水浸泡 2 小时。

② 将以上食材全部倒入豆浆机中，加水至上、下水位线之间，按下"米糊"键。

③ 米糊煮好后，豆浆机会提示做好；倒入碗中后，加入适量的盐，即可食用。

● 养生提示

此款胡萝卜菠菜米糊含有丰富的维生素和矿物质，可有效预防复发性口腔溃疡。

清热解毒、
消肿止痛

蒲公英绿豆豆浆

材料

干蒲公英20克　　绿豆 30 克　　黄豆 50 克　　白糖适量

做法

① 黄豆、绿豆分别洗净，用清水浸泡 6 ~ 8 小时；干蒲公英用温水泡开，切碎。

② 将以上食材全部倒入豆浆机中，加水至上、下水位线之间，按下"豆浆"键。

③ 待豆浆机提示豆浆做好后，倒出过滤，再加入适量的白糖，即可饮用。

养生提示

此款蒲公英绿豆豆浆具有消肿利水、清热解毒的功效，但体虚体寒者不宜食用。

冰糖雪梨豆浆

材料

雪梨 1 个　　黄豆 50 克　　冰糖适量

做法

① 黄豆洗净，用清水浸泡 6 ~ 8 小时；雪梨洗净，去皮，去核，切成小块。

② 将以上食材全部倒入豆浆机中，加水至上、下水位线之间，按下"豆浆"键。

③ 待豆浆机提示豆浆做好，倒出过滤，加入适量的冰糖，即可饮用。

养生提示

此款冰糖雪梨豆浆具有滋阴润燥、清肺热的功效，同时也可起到缓解因口腔溃疡带来的疼痛的作用。

缓解口腔
溃疡疼痛

乌梅生地绿豆粥

材料

乌梅 20 克　　生地 20 克　　绿豆 50 克　　大米 70 克　　冰糖适量

做法

① 大米、绿豆分别洗净，大米用清水浸泡 1 小时，绿豆用清水浸泡 4 小时；乌梅、生地洗净、切片，二者同加水煎煮，取汁备用。

② 注水入锅，大火烧开，倒入绿豆煮至滚沸后，加入大米同煮。

③ 待米、豆再次煮开后，加入生地、乌梅汁转小火继续慢熬至豆软粥稠，再加入适量的冰糖调味，待冰糖溶化后，将粥倒入碗中，即可食用。

● 养生提示

此款乌梅生地绿豆粥具有凉血、清热、润燥、解毒的功效，同时也可起到辅助治疗便秘、血管硬化的作用。

清热解毒、
滋阴减燥

消化不良

　　三餐不定、暴饮暴食、精神紧张、过度劳累、长期进食油腻多脂的食物都容易造成脾胃损伤，引起胃痛胃胀、腹泻、便秘等消化不良症状。然而要从饮食习惯上调理消化不良，首先要做到三餐定时定量；其次应多食用一些有助于调理脾胃的食物，待胃动力恢复后再逐步进食其他食物。

● **饮食建议**　易消化食物☑　清淡饮食☑　少食多餐☑
　　　　　　　油炸☒　高脂高盐☒　辛辣食物☒　暴饮暴食☒

● **推荐食物**

苹果		香蕉	
小米		菠萝	
山药		南瓜	
燕麦		紫薯	
芹菜		山楂	
大麦		陈皮	

小米糊

材料

小米 100 克　　盐适量　　　红糖适量

做法

① 小米洗净，用清水浸泡 2 小时。

② 将浸泡好的小米倒入豆浆机中，加水至上、下水位线之间，按下"米糊"键。

③ 米糊煮好后，豆浆机会提示做好，倒入碗中后，可按照个人口味加入适量的红糖或盐调味，即可食用。

● 养生提示

此款米糊具有滋阴养胃、开胃助消化的作用，同时对淡斑、护肤、强精、延缓衰老也有一定帮助。

帮助消化

促消化、防胃病

木瓜青豆豆浆

材料

木瓜半个　青豆 30 克　黄豆 50 克　白糖适量

做法

① 黄豆洗净，用清水浸泡 6 ~ 8 小时；木瓜洗净，去皮，去籽，切成小块；青豆洗净。

② 将以上食材全部倒入豆浆机中，加水至上、下水位线之间，按下"豆浆"键。

③ 待豆浆机提示豆浆做好后，倒出过滤，再加入适量的白糖，即可饮用。

● 养生提示

此款木瓜青豆豆浆具有预防胃病及美容养颜的功效，同时也能缓解因消化不良带来的不适。

大麦糯米粥

材料

大麦 50 克

糯米 50 克

冰糖适量

做法

① 糯米、大麦分别洗净，用清水浸泡 4 小时。

② 注水入锅，大火烧开，倒入糯米、大麦同煮，边煮边搅拌。

③ 待米煮开后，转小火继续熬至米软粥稠，再加入适量的冰糖调味，待冰糖溶化后，将粥倒入碗中，即可食用。

·养生提示·

大麦具有健脾消食、止渴利尿的作用，糯米可健胃养胃、补中益气，二者同煮粥尤其适合脾胃虚弱者食用。

适合胃气虚弱、消化不良者食用

茶叶大米粥

材料

茶 15 克

大米 100 克

盐适量

做法

① 大米洗净，用清水浸泡 1 小时；将茶加水煎煮，取汁备用。

② 注水入锅，大火烧开，下大米熬煮，边煮边搅拌，待米煮开后，加入茶叶汁转小火慢熬至米软粥稠，再加入适量的盐，待盐溶化后，将粥倒入碗中，即可食用。

·养生提示·

茶叶富含茶多酚等多种矿物质，具有清热消食的作用，且此款茶叶大米粥口感清润，非常适合消化不良者食用。

清热解毒、养胃消食

厌食

　　厌食的主要表现包括食欲较长时间内大幅减退或消失、对食物有厌恶感等，一般可由病理生理因素或精神心理因素引起。长期厌食不仅会导致营养不良，同时还易造成胃肠功能衰退、病变等。一般而言，厌食者除专业治疗外，也可通过多食用一些味甘酸、健脾开胃的食物来调理。

●饮食建议　味甘酸食物☑　少量开胃零食☑　适当酸辣开胃小菜☑
　　　　　　油腻☒　过辛辣☒　饮食过单一清淡☒　节食☒

●推荐食物

山药		醋	
酸奶		橙子	
山楂		菠萝	
莴笋		陈皮	
白扁豆		蜂蜜	
胡萝卜		辣椒	

开胃清食、增进食欲

菠萝苹果米糊

材料

大米 100 克　菠萝肉 80 克　苹果 1 个　白糖适量

做法

① 大米洗净，用清水浸泡 2 小时；菠萝肉切丁；苹果洗净，去皮，去核，切丁。

② 将以上食材全部倒入豆浆机中，加水至上、下水位线之间，按下"米糊"键。

③ 米糊煮好后，豆浆机会提示做好，倒入碗中后，加入适量的白糖，即可食用。

● 养生提示

　　菠萝所含的酶有助于消化肉类等蛋白质食品；苹果具有养胃健胃的功效，因此此款菠萝苹果米糊尤其适合常食肉者食用。

莴笋山药豆浆

材料

莴笋 30 克　山药 20 克　黄豆 50 克　白糖适量

做法

① 黄豆洗净，用清水浸泡 6～8 小时；莴笋、山药分别去皮，洗净，切成小块。

② 将以上食材全部倒入豆浆机中，加水至上、下水位线之间，按下"豆浆"键。

③ 待豆浆机提示豆浆做好后，倒出过滤，再加入适量的白糖，即可饮用。

● 养生提示

　　此款莴笋山药豆浆可刺激消化液分泌，进而达到促进消化的目的，同时也兼有清胃热的功效。

刺激消化液分泌

大米栗子豆浆

材料

大米 30 克　　栗子 30 克　　黄豆 60 克　　白糖适量

做法

① 黄豆洗净，用清水浸泡 6 ~ 8 小时；大米洗净，用清水浸泡 2 小时；栗子去壳，取肉，切为小碎块。

② 将以上食材全部倒入豆浆机中，加水至上、下水位线之间，按下"豆浆"键。

③ 待豆浆机提示豆浆做好后，倒出过滤，再加入适量的白糖，即可饮用。

• 养生提示

　　栗子具有益气健脾、强筋壮骨的功效，但一次不宜食用过多，易产生胀气现象。

促进食欲，补肾强筋骨

陈皮粥

材料

陈皮 30 克　　大米 100 克　　冰糖适量

做法

① 大米洗净，用清水浸泡 1 小时；陈皮洗净，用温水泡软，再切成细丝。

② 注水入锅，大火烧开，倒入大米和陈皮同煮，边煮边搅拌。

③ 待米煮开后，转小火继续慢熬至粥黏稠，再加入适量的冰糖调味，待冰糖溶化后，将粥倒入碗中，即可食用。

• 养生提示

　　陈皮具理气开胃、燥湿化痰、健脾养胃的功效，因此此粥尤其适合儿童食用。

健脾益胃、强身健体

开胃消食、增强机体免疫力

山楂粥

材料

山楂 40 克

大米 100 克

白糖适量

做法

❶ 大米洗净，用清水浸泡 1 小时；山楂用温水泡软，去核。

❷ 注水入锅，大火烧开，倒入大米和山楂熬煮，边煮边搅拌，待米煮开后，转小火继续慢熬至粥黏稠，加入适量的白糖调味，待白糖溶化后，将粥倒入碗中，即可食用。

养生提示

此款山楂粥富含多种有机酸、维生素等营养物质，不仅可起到缓解积食、厌食的作用，同时也具有调节血压、保护心血管的功效。

山楂绿豆浆

材料

山楂 20 克

绿豆 80 克

白糖适量

做法

❶ 绿豆洗净，用清水浸泡 6 ~ 8 小时；山楂用温水泡开，去核。

❷ 将以上食材全部倒入豆浆机中，加水至上、下水位线之间，按下"豆浆"键。

❸ 待豆浆机提示豆浆做好后，倒出过滤，再加入适量的白糖，即可饮用。

养生提示

山楂味酸、甜，具有刺激胃液分泌的作用，同时此款山楂绿豆浆也具有开胃健胃、清热凉血的功效。

开胃健胃

便秘

便秘通常是对排便次数减少、排便费力、粪便量减少、粪便干结等症状的统称。严格意义上说来，便秘只是一种临床上常见的症状，而不属于疾病，但长期的便秘对人的生活和健康都会造成很大的不良影响。相较之下，老年人及女性更容易便秘，因此也更需要注重饮食调养。

•饮食建议 多喝水☑ B族维生素☑ 坚果☑ 清淡饮食☑
浓茶☒ 辛燥食物☒ 烧烤☒ 多盐☒ 高糖☒

•推荐食物

紫薯		燕麦	
香蕉		洋葱	
菠萝		松仁	
酸奶		菠菜	
魔芋		全麦面包	
芹菜		油菜	

润肠通便、
清热解毒

杏仁菠菜米糊

材料

杏仁 30 克

菠菜 50 克

大米 100 克

盐适量

做法

① 杏仁用温水泡开；菠菜洗净，切碎；大米洗净，用清水浸泡 2 小时。

② 将以上食材全部倒入豆浆机中，加水至上、下水位线之间，按下"米糊"键。

③ 米糊煮好后，豆浆机会提示做好，倒入碗中后，加入适量的盐，即可食用。

● 养生提示

此款杏仁菠菜米糊中，菠菜含有丰富的膳食纤维，可起到清肠道垃圾的作用；杏仁所含的优质蛋白则可起到润肠通便的作用。

苹果香蕉豆浆

材料

苹果 1 个

香蕉 1 根

黄豆 50 克

白糖适量

做法

① 黄豆洗净，用清水浸泡 6 ~ 8 小时；苹果洗净，去皮，去核，切成小块；香蕉剥皮，切成小块。

② 将以上食材全部倒入豆浆机中，加水至上、下水位线之间，按下"豆浆"键。

③ 待豆浆机提示豆浆做好后，倒出过滤，再加入适量的白糖，即可饮用。

● 养生提示

此款苹果香蕉豆浆具有开胃健胃、改善便秘症状的功效，尤其适合幼儿饮用。

改善便秘
症状

火龙果香蕉豌豆豆浆

材料

火龙果半个　香蕉1根　豌豆20克　黄豆50克　白糖适量

做法

① 黄豆洗净，用清水浸泡6～8小时；火龙果、香蕉分别去皮，切成小块；豌豆洗净。

② 将以上食材全部倒入豆浆机中，加水至上、下水位线之间，按下"豆浆"键。

③ 待豆浆机提示豆浆做好后，倒出过滤，再加入适量的白糖，即可饮用。

清热去火、预防便秘

• 养生提示

此款火龙果香蕉豌豆豆浆具有清热润肠及促进肠胃蠕动的作用。

香蕉粥

材料

香蕉2根　大米100克　蜂蜜适量

做法

① 大米洗净，用清水浸泡1小时；香蕉去皮，切小块。

② 注水入锅，大火烧开，倒入大米熬煮，边煮边搅拌，待米煮至滚沸后转小火慢熬至粥黏稠，加入香蕉块，继续煮3～5分钟，再加入蜂蜜，待蜂蜜完全溶化后，将粥倒入碗中，即可用。

润肠通便

• 养生提示

此款香蕉粥具有润肠通便、润肺解酒的功效，但脾火盛者不宜食用。

芋头瘦肉粥

材料

芋头 2 个

猪瘦肉 50 克

大米 70 克

葱花适量

料酒适量

盐适量

做法

① 大米洗净，用清水浸泡 1 小时；芋头去皮，洗净，切块，入沸水焯过；猪瘦肉洗净，切丁。

② 注水入锅，大火烧开，倒入大米和芋头同煮，边煮边搅拌。

③ 坐锅点火，入油烧热，下猪瘦肉丁翻炒，加入适量料酒、盐调味，炒至八成熟时直接倒入粥中，与大米等同煮至粥成，撒上适当葱花即可。

• 养生提示

　　此款芋头瘦肉粥中，芋头含有大量膳食纤维，具有促进肠道蠕动的作用；猪瘦肉具有滋阴润燥、预防便秘的功效。

滋阴润燥、利尿通便

中暑

　　在长时间的高温和热辐射下，人体若出现体温不正常，水、电解质代谢紊乱或神经系统功能损害等症状，即为中暑。预防中暑最根本的办法是改善环境，如离开热源、降低房间温度等。此外，合理的作息时间和适当饮用一些清凉饮品对预防中暑或缓解中暑症状也大有帮助。

● **饮食建议** 适量饮水☑　含钾食物☑　含镁食物☑
　　　　　　　一次补充大量水☒　冷饮☒　冰镇瓜果☒　油腻食物☒

● **推荐食物**

绿豆		菊花	
冬瓜		番茄	
西瓜		金银花	
海带		薄荷	
扁豆		酸梅汤	
柠檬		醋	

清热解毒、润喉止渴

绿豆冬瓜米糊

材料

大米 50 克　　绿豆 70 克　　冬瓜 50 克　　白糖适量

做法

① 大米洗净，用清水浸泡 2 小时；绿豆洗净，用清水浸泡 6 ~ 8 小时；冬瓜洗净，去皮，去瓤，切丁。

② 将以上食材倒入豆浆机中，加水至上、下水位线之间，按下"米糊"键；米糊煮好后，倒入碗中，加入白糖即可食用。

• 养生提示

绿豆是常见的解暑佳品，冬瓜具有清热生津、除烦利水的功效，二者同打为米糊食用可起到不错的解暑清热效果。

薄荷绿豆豆浆

材料

薄荷 15 克　　绿豆 30 克　　黄豆 50 克　　白糖适量

做法

① 黄豆、绿豆分别洗净，用清水浸泡 6 ~ 8 小时；薄荷用温水泡开。

② 将以上食材全部倒入豆浆机中，加水至上、下水位线之间，按下"豆浆"键。

③ 待豆浆机提示豆浆做好后，倒出过滤，再加入适量的白糖，即可饮用。

• 养生提示

此款薄荷豆浆具有醒脑消暑、疏散风热的功效，但晚上不宜饮用过多，易影响睡眠。

醒脑消暑

菊花雪梨豆浆

材料

菊花 10 克　　雪梨 1 个　　黄豆 50 克　　冰糖适量

做法

① 黄豆洗净，用清水浸泡 6 ~ 8 小时；菊花用温水泡开；雪梨洗净，去皮，去核，切成小块。

② 将以上食材全部倒入豆浆机中，加水至上、下水位线之间，按下"豆浆"键。

③ 待豆浆机提示豆浆做好，倒出过滤，加入适量的冰糖，即可饮用。

● 养生提示

此款菊花雪梨豆浆不仅具有清热解暑、清肺润燥的功效，同时还具有清肝明目的功效。

清热解暑、
生津止渴

金银花粥

材料

金银花 20 克　　大米 100 克　　冰糖适量

做法

① 大米洗净，用清水浸泡 1 小时；金银花用温水泡开。

② 注水入锅，大火烧开，倒入大米熬煮，边煮边搅拌。

③ 待米煮沸后，加入金银花转小火慢熬至米软粥稠，再加入适量的冰糖调味，待冰糖溶化后，将粥倒入碗中，即可食用。

清热解毒、
预防中暑

● 养生提示

此款金银花粥不仅可起到解暑的作用，且对各种热病均有一定的辅助治疗作用。

扁豆粥

材料

扁豆 50 克　　大米 100 克　　盐适量

● 养生提示

　　扁豆气味清香而不串，性质温和而与脾最合。此款扁豆粥适合因脾湿引起的恶心、呕吐者食用。

做法

① 大米洗净，用清水浸泡 1 小时；扁豆洗净，剔除老筋，切片，入沸水略焯。

② 注水入锅，大火烧开，倒入大米熬煮，边煮边搅拌。

③ 待米煮沸后，加入扁豆片转小火慢熬至米软粥稠，再加入适量的盐，待盐溶化后，将粥倒入碗中，即可食用。

化湿消暑，健脾益气

腹泻

　　腹泻包括排便次数明显增多、粪质稀薄、粪便水分增加、粪便中含有大量未消化食物等状况，同时还常伴有排便急迫感异常、肛门不适、大便失禁等症状。腹泻有急性腹泻和慢性腹泻两种，腹泻患者除了需要及时就医外，还需要多食用一些具有收涩止泻的食物以促进肠胃恢复。

●饮食建议 低纤维食物☑　半流质食物☑　高蛋白☑　高热能☑

　　　　　　　坚果类☒　生冷食物☒　甜食☒　油腻食物☒

●推荐食物

马铃薯		山药	
苹果		蜂蜜	
香菜		豌豆	
鸡蛋		小米	
面条		葡萄	
瘦肉		油菜	

辅助治疗
夏季腹泻

红枣姜糖米糊

材料

大米 100 克　红枣 10 个　生姜 1 小块　红糖适量

做法

① 大米洗净，用清水浸泡 2 小时；红枣用温水泡发，去核；生姜洗净，去皮，切丝。

② 将以上食材全部倒入豆浆机中，加水至上、下水位线之间，按下"米糊"键。

③ 米糊煮好后，豆浆机会提示做好，倒入碗中后，加入适量的红糖，即可食用。

● 养生提示

夏季大量食用生冷食品易导致腹痛腹泻，此款红枣生姜红糖米糊可对腹部突然受寒引起的腹泻起到辅助治疗作用。

糯米莲子山药米糊

材料

糯米 70 克　莲子 20 克　山药 20 克　红枣 10 个　红糖适量

做法

① 糯米洗净，用清水浸泡 4 小时；莲子、红枣用温水泡开，莲子去芯、去衣，红枣去核；山药洗净，去皮，切成小块。

② 将以上食材倒入豆浆机中，加水至上、下水位线之间，按下"米糊"键，米糊煮好后，倒入碗中，加入适量的红糖，即可食用。

● 养生提示

此款糯米莲子山药米糊不仅可起到补脾止泻的作用，同时还具有暖胃养胃、活血补血、安神静心的功效。

补脾止泻

豌豆糯米小米豆浆

材料

豌豆 20 克　糯米 15 克　小米 15 克　黄豆 50 克　白糖适量

做法

① 黄豆洗净，用清水浸泡 6 ~ 8 小时；糯米、小米分别洗净，用清水浸泡 4 小时；豌豆洗净。

② 将以上食材全部倒入豆浆机中，加水至上、下水位线之间，按下"豆浆"键。

③ 待豆浆机提示豆浆做好后，倒出过滤，再加入适量的白糖，即可饮用。

养生提示

　　豌豆具有抗菌消炎的作用；糯米、小米可补中益气，同打为豆浆可起到补中益气、健脾益胃、抗菌消炎的功效。

强健肠胃、预防腹泻

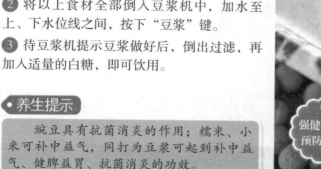

益胃、益肝肾

芋头糯米粥

材料

芋头 2 个　　糯米 100 克　　白糖适量

做法

① 糯米洗净，用清水浸泡 4 小时；芋头去皮，洗净切块。

② 注水入锅，大火烧开，倒入糯米、芋头块同煮，边煮边搅拌，待米煮沸后，转小火慢熬至软烂黏稠，再加入白糖，待白糖溶化后，将粥倒入碗中，即可食用。

养生提示

　　芋头含有丰富的胡萝卜素等，因此此款芋头糯米粥对腹泻等肠胃病具有一定的调节作用。

高粱米羊肉粥

材料

 高粱米100克　 羊肉50克　 葱花适量　 生姜1小块　 盐适量

做法

❶ 高粱米洗净，用清水浸泡2小时；羊肉洗净，切丁，入沸水略焯；生姜去皮，洗净，切末。

❷ 注水入锅，大火烧开，倒入高粱米熬煮，边煮边搅拌。

❸ 待米煮开后，加入羊肉和生姜末同煮，待米再次滚沸后，转小火慢熬至粥黏稠，再加入适量盐，撒上葱花，出锅即可食用。

● 养生提示

　　羊肉为滋补壮阳的佳品；高粱米具有涩肠止泻的功效，二者同熬为粥具有滋补强身、预防腹泻的功效。

强壮身体、防治腹泻

高血压

　　根据世界卫生组织建议，若连续两次以上的血压测试结果均在90毫米水银柱（mmHg）以上，则可初步确诊为高血压。且高血压虽作为一种慢性疾病，但还会引起心、脑、肾等重要器官的病变。所以在日常饮食上，高血压患者尤需注意清淡节制，多食用具有降压作用的蔬菜水果等。

•饮食建议 含钾食物☑ 含钙食物☑ 粗纤维食物☑
暴饮暴食☒ 高盐☒ 高脂☒ 高糖☒ 饮酒☒

•推荐食物

芹菜		木耳	
番茄		菠菜	
绿豆		玉米须	
香菇		柚子	
豆制品		荷叶	
薏米		燕麦	

调节血脂

芹菜酸奶米糊

材料

大米 70 克　酸奶 30 克　芹菜 30 克　白糖适量

做法

① 大米洗净，用清水浸泡 2 小时；芹菜洗净，切碎。

② 将以上食材全部倒入豆浆机中，加水至上、下水位线之间，按下"米糊"键。

③ 米糊煮好后，豆浆机会提示做好；倒入碗中后，加入适量的白糖，即可食用。

● 养生提示

此款芹菜酸奶米糊不仅具有降压的作用，同时还对便秘、厌食也有一定的调理作用。

桑叶黑米豆浆

材料

干桑叶 10 克　黑米 40 克　黄豆 50 克　白糖适量

做法

① 黄豆洗净，用清水浸泡 6 ~ 8 小时；黑米洗净，用清水浸泡 4 小时；干桑叶用温水泡开。

② 将以上食材全部倒入豆浆机中，加水至上、下水位线之间，按下"豆浆"键。

③ 待豆浆机提示豆浆做好后，倒出过滤，再加入适量的白糖，即可饮用。

● 养生提示

此款桑叶黑米豆浆具有降血压、清肺止咳、清热明目的功效，尤其适合肝燥兼高血压患者饮用。

缓解高血压症状

薏米青豆黑豆浆

材料

薏米 20 克　　青豆 20 克　　黑豆 60 克　　白糖适量

做法

① 黑豆洗净，用清水浸泡 6 ~ 8 小时；薏米洗净，用清水浸泡 4 小时；青豆洗净。

② 将以上食材全部倒入豆浆机中，加水至上、下水位线之间，按下"豆浆"键。

③ 待豆浆机提示豆浆做好后，倒出过滤，再加入适量的白糖，即可饮用。

● 养生提示

此款薏米青豆黑豆浆含有多种维生素和矿物质，可起到预防高血压的作用，也可作为病中或病后体弱者的滋补饮品。

促进血液流通

降血压、排毒

海带绿豆粥

材料

海带 30 克　　绿豆 40 克　　大米 50 克　　盐适量

做法

① 大米、绿豆分别洗净，大米用清水浸泡 1 小时，绿豆用清水浸泡 4 小时；海带洗净切丝。

② 注水入锅，大火烧开，倒入绿豆煮至滚沸后加入大米、海带丝同煮，待米再次煮沸后，转小火慢熬至粥黏稠，加入适量的盐调味，待盐溶化后，将粥倒入碗中，即可食用。

● 养生提示

此款海带绿豆粥中海带和绿豆都具有调节血脂的功效，同时二者煮粥服食对动脉硬化、糖尿病也有一定防治作用。

玉米粥

材料

鲜玉米粒50克　　大米 50 克　　　　盐适量

● 养生提示

鲜玉米中富含有维生素 E、胡萝卜素、B 族维生素、膳食纤维等营养物，对降低胆固醇、预防高血压都有一定帮助。

做法

① 大米洗净，用清水浸泡 1 小时；鲜玉米粒洗净，捞出控干。

② 注水入锅，大火烧开，倒入大米和玉米粒同煮，边煮边搅拌。

③ 待米煮开后，转小火慢熬至粥黏稠，加入适量的盐调味，待盐溶化后，将粥倒入碗中，即可食用。

预防高血压

高血脂

高血脂是一种全身性疾病，以血浆中的一种或多种脂质高于正常值为主要特征，通常可能是脂肪代谢或运转不正常引起的。高血脂的发生和饮食结构具有密切关系，因此高血脂患者尤其需要对甜食、动物内脏、煎炸食品等进行严格控制，另外，要戒烟戒酒，同时多加强体育锻炼对促进脂肪代谢也有一定作用。

●**饮食建议** 高膳食纤维☑ 杂粮☑ 清淡饮食☑ 绿叶蔬菜☑
甜食☒ 咖啡☒ 熏烤食物☒ 动物油☒ 高胆固醇☒

●**推荐食物**

大蒜		冬瓜	
韭菜		海白菜	
香菇		鱼肉	
白果		山楂	
玉米须		葵花子	
薏米		豆浆	

清食化瘀、降低血脂

木耳山楂米糊

材料

大米 80 克

山楂 20 克

木耳 20 克

白糖适量

做法

① 大米洗净，用清水浸泡 2 小时；山楂、木耳分别泡发，木耳去蒂，撕碎。

② 将以上食材全部倒入豆浆机中，加水至上、下水位线之间，按下"米糊"键。

③ 米糊煮好后，豆浆机会提示做好，倒入碗中后，加入适量的白糖，即可食用。

● 养生提示

此款木耳山楂米糊中，山楂能化瘀、降血脂；木耳则具有减轻血液中的胆固醇凝结于血管壁上的作用。

葵花子黑豆浆

材料

葵花子 25 克

黑豆 70 克

白糖适量

做法

① 黑豆洗净，用清水浸泡 6 ～ 8 小时；葵花子剥壳，取仁，其仁用温水浸泡半小时。

② 将以上食材全部倒入豆浆机中，加水至上、下水位线之间，按下"豆浆"键。

③ 待豆浆机提示豆浆做好后，倒出过滤，再加入适量的白糖，即可饮用。

● 养生提示

此款葵花子黑豆浆对高脂血症、动脉硬化、高血压病都有一定防治作用。

降低血脂

薏米柠檬红豆浆

材料

薏米 20 克

柠檬半个

红豆 60 克

白糖适量

做法

① 红豆洗净，用清水浸泡 6 ~ 8 小时；薏米洗净，用清水浸泡 4 小时；柠檬洗净，去皮去籽，切块。

② 将以上食材倒入豆浆机中，加水至上、下水位线之间，按下"豆浆"键。

③ 待豆浆做好后，加入白糖，即可饮用。

养生提示

此款薏米柠檬红豆浆不仅具有降低胆固醇的功效，同时也可起到防止和减轻皮肤色素沉淀的作用。

降低胆固醇

小米黄豆粥

材料

小米 70 克

黄豆 50 克

盐适量

做法

① 小米、黄豆分别洗净，小米用清水浸泡 1 小时；黄豆用清水浸泡 4 小时。

② 注水入锅，大火烧开，倒入黄豆煮至滚沸后加入小米同煮，边煮边搅拌，待米再次煮开后，转小火继续慢熬至粥黏稠，加入盐调味，待盐溶化后，将粥倒入碗中，即可食用。

预防心血管疾病

养生提示

黄豆可起到预防心血管疾病的作用，与小米同熬为粥可使其滋补强身的功效加强，尤其适合体虚体弱者食用。

香菇玉米粥

材料

香菇 4 朵　　鲜玉米粒 50 克　大米 70 克　　盐适量

● 养生提示

此款香菇玉米粥中香菇可起到维持人体正常糖代谢的作用；玉米则具有降血糖、清血脂、预防动脉硬化的功效。

做法

① 大米洗净，用清水浸泡 1 小时；香菇用温水泡发，去蒂，切片；鲜玉米粒洗净，控干备用。

② 注水入锅，大火烧开，将所有食材一同下锅同煮，边煮边搅拌。

③ 待米煮开后，转小火慢熬至粥黏稠，加入适量的盐调味，待盐全部溶化后，将粥倒入碗中，即可食用。

补虚降脂

冠心病

　　冠心病是冠状动脉性心脏病的简称，主要由脂质代谢不正常引起。血液中的脂质不能及时排除而沉积在原本光滑的动脉内膜上，久而久之就会造成动脉腔狭窄、血流受阻、心脏缺血缺氧、心绞痛等病变。而冠心病患者在饮食上需要控制好脂肪类食物的摄入，同时可多吃一些具有清脂作用的食物以辅助治疗。

•饮食建议　含黄酮类食物☑　维生素C☑　含碘食物☑
　　　　　　　　烟酒☒　高热量食物☒　高脂肪☒　高胆固醇☒

•推荐食物

红茶		玉米	
紫薯		番茄	
紫菜		苹果	
绿豆		荞麦	
枸杞		山楂	
小麦胚芽		油菜	

降低胆固醇

玉米黄豆米糊

材料

鲜玉米粒80克　大米30克　黄豆30克　白糖适量

做法

① 鲜玉米粒洗净，捞出，控干；大米洗净，用清水浸泡2小时；黄豆洗净，用清水浸泡6~8小时。

② 将以上食材全部倒入豆浆机中，加水至上、下水位线之间，按下"米糊"键；米糊煮好后，加入适量的白糖，即可食用。

● 养生提示

玉米有助于降低胆固醇，黄豆富含亚油酸和优质蛋白，二者同打为米糊食用可帮助预防冠心病、动脉硬化等疾病。

紫薯荞麦米糊

材料

紫薯50克　荞麦80克　白糖适量

做法

① 紫薯洗净，去皮，切成小块；荞麦洗净，用清水浸泡4小时。

② 将以上食材全部倒入豆浆机中，加水至上、下水位线之间，按下"米糊"键。

③ 米糊煮好后，豆浆机会提示做好，倒入碗中后，加入适量的白糖，即可食用。

● 养生提示

此款紫薯荞麦米糊不仅具有增加动脉血管流量及防止心律失常的作用，同时还具美容养颜、润肠排毒功效。

增加动脉血流量，防止心律失常

枸杞红枣豆浆

材料

 枸杞 15 克　 红枣 10 个　 黄豆 60 克　 白糖适量

● 养生提示

　　此款枸杞红枣豆浆中，红枣具有改善心肌营养的作用，枸杞可起到预防心脏病的作用。

做法

1 黄豆洗净，用清水浸泡 6 ~ 8 小时；红枣用温水泡发，去核；枸杞用温水泡发。

2 将以上食材全部倒入豆浆机中，加水至上、下水位线之间，按下"豆浆"键。

3 待豆浆机提示豆浆做好后，倒出过滤，再加入适量的白糖，即可饮用。

增强心肌收缩力

葵花子绿豆豆浆

材料

葵花子 20 克　绿豆 30 克　黄豆 50 克　白糖适量

• 养生提示

葵花子和绿豆皆有降血脂的功效，二者同打为豆浆饮用对防治冠心病、高血压有一定帮助。

做法

① 黄豆、绿豆洗净，用清水浸泡 6 ~ 8 小时；葵花子去壳，取仁，其仁用温水浸泡半小时。

② 将以上食材全部倒入豆浆机中，加水至上、下水位线之间，按下"豆浆"键。

③ 待豆浆机提示豆浆做好后，倒出过滤，再加入适量的白糖，即可饮用。

降低冠心病风险

山楂麦芽粥

材料

山楂 30 克　　小麦胚芽 50 克　　大米 50 克　　白糖适量

做法

① 大米、小麦胚芽分别洗净，用清水浸泡 1 小时；山楂用温水泡开，去核。

② 注水入锅，大火烧开；将所有食材一同倒入锅同煮，边煮边搅拌。

③ 待米煮至滚沸后，转小火继续慢熬至粥黏稠，加入适量的白糖调味，待白糖溶化后，将粥倒入碗中，即可食用。

软化血管、预防冠心病

贫血

贫血指的是人体外周血中的红细胞容积明显低于正常值的一种临床症状。一般来讲，成年男子的血红蛋白如低于 120 克每升（g/L），成年非妊娠女子的血红蛋白如低于 110 克每升（g/L）即为贫血。而缺铁、大量出血等均是造成贫血的重要原因，贫血者需要多食用一些高营养、高蛋白、多维生素的食物以帮助恢复造血功能。

● **饮食建议**　荤素搭配☑　含铁食物☑　维生素 C ☑　优质蛋白质☑
　　　　　　　偏食☒　烟酒☒　辛辣☒　生冷☒　暴饮暴食☒

● **推荐食物**

黑豆		红枣	
桂圆		桑葚	
玫瑰花		红糖	
紫米		猪肝	
核桃仁		鸡蛋	
木耳		菠菜	

预防贫血

红枣核桃米糊

材料

大米 70 克　核桃仁 30 克　红枣 15 个　白糖适量

做法

1 大米洗净，用清水浸泡 2 小时；核桃仁、红枣用温水泡开；红枣去核。

2 将以上食材全部倒入豆浆机中，加水至上、下水位线之间，按下"米糊"键。

3 米糊煮好后，豆浆机会提示做好，倒入碗中后，加入适量的白糖，即可食用。

● 养生提示

　　此款红枣核桃米糊不仅可起到改善血液循环、预防贫血的作用，同时也具有补气健脾、延缓衰老的功效。

红枣木耳紫米糊

材料

紫米 80 克　木耳 15 克　红枣 5 个　白糖适量

做法

1 紫米洗净，用清水浸泡 4 小时；木耳用温水泡发，去蒂，撕碎；红枣用温水泡开，去核。

2 将以上食材全部倒入豆浆机中，加水至上、下水位线之间，按下"米糊"键。

3 米糊煮好后，豆浆机会提示做好；倒入碗中后，加入适量的白糖，即可食用。

● 养生提示

　　此款红枣木耳紫米粥中，木耳、紫米、红枣都具有生血补血的功效，三者同打为米糊尤其适合血虚体弱者食用。

生血补血，强身健体

红豆桂圆豆浆

材料

红豆 20 克

桂圆 20 克

黄豆 50 克

白糖适量

• 养生提示

红豆补心血，桂圆养血安神、补气助阳，二者同打为豆浆可起到改善贫血及由贫血引起的头晕症状的作用。

做法

1. 黄豆、红豆洗净，用清水浸泡 6～8 小时；桂圆去壳，取肉，其肉用温水泡开。
2. 将以上食材全部倒入豆浆机中，加水至上、下水位线之间，按下"豆浆"键。
3. 待豆浆机提示豆浆做好后，倒出过滤，再加入适量的白糖，即可饮用。

改善贫血
头晕症状

花生红枣蛋花粥

材料

花生仁 20 克　　红枣 10 个　　鸡蛋 1 个　　糯米 100 克　　白糖适量

做法

① 糯米洗净，用清水浸泡 2 小时；花生仁、红枣用温水泡开，红枣去核；鸡蛋磕入碗中，调匀。

② 注水入锅，大火烧开，倒入糯米、花生仁、红枣同煮至滚沸后转小火慢熬，待粥快熟时，将鸡蛋液调入粥中，再加入白糖调味，待白糖溶化后，将粥倒入碗中，即可食用。

● 养生提示

　　花生仁及鸡蛋都含有大量铁元素，糯米和红枣则为补气活血佳品，以上食材同熬为粥食用，补血效果更为显著。

滋阴、补气、养血

猪肝菠菜粥

材料

猪肝 40 克

菠菜 50 克

大米 100 克

盐适量

油适量

做法

1. 大米洗净，用清水浸泡半小时；猪肝洗净，切片，入沸水焯去血污，捞起，控干；菠菜洗净，切断，入沸水略焯，捞起备用。

2. 注水入锅，大火烧开，倒入大米煮至滚沸后，改小火慢熬。

3. 待粥煮至八成熟时，倒入猪肝、菠菜煮熟，加入适量的盐、油调味，继续熬煮 5 分钟后，将粥倒入碗中，即可食用。

养生提示

此款猪肝菠菜粥中猪肝和菠菜都富含铁元素，二者煮粥同食对防治缺铁性贫血有着显著疗效。

预防缺铁性贫血

失眠

　　失眠症状包括入睡困难、睡眠断续不连贯、早醒等，通常是由情绪、疾病、年迈等原因引起。失眠不仅会给正常的生活带来不良影响，严重时还会诱发或加重心悸、中风等疾病。通过安眠药治疗失眠容易产生依赖作用，最为安全根本的还是通过调节情绪、饮食结构来改善睡眠质量。

●**饮食建议**　清淡饮食☑　含色氨酸食物☑　B族维生素☑
　　　　　　　烟酒☒　浓茶☒　咖啡☒　油腻食物☒　生冷食物☒

●**推荐食物**

小米		香蕉	
莲子		蜂蜜	
百合		牛奶	
番茄		鱼肉	
核桃仁		红枣	
苹果		糯米	

健脾安心、
缓解压力

莲子芡实米糊

材料

大米 80 克　　莲子 20 克　　芡实 20 克　　白糖适量

做法

1️⃣ 大米洗净，用清水浸泡 2 小时；莲子、芡实分别用温水泡开；莲子去芯，去衣。

2️⃣ 将以上食材全部倒入豆浆机中，加水至上、下水位线之间，按下"米糊"键。

3️⃣ 米糊煮好后，豆浆机会提示做好，倒入碗中后，加入适量的白糖，即可食用。

● 养生提示

　　莲子可宁心安神，芡实健脾、补肾强精，二者同打为米糊食用可起到静心、缓解压力的作用。

高粱米小米豆浆

材料

高粱米 30 克　小米 20 克　黄豆 50 克　白糖适量

做法

1️⃣ 黄豆洗净，用清水浸泡 6 ~ 8 小时；高粱米、小米分别洗净，用清水浸泡 4 小时。

2️⃣ 将以上食材全部倒入豆浆机中，加水至上、下水位线之间，按下"豆浆"键。

3️⃣ 待豆浆机提示豆浆做好后，倒出过滤，再加入适量的白糖，即可饮用。

● 养生提示

　　此款高粱米小米豆浆具有健脾和胃及提高睡眠质量的功效，尤其适合脾胃不和而导致失眠者饮用。

健脾益胃、
防治失眠

百合枸杞豆浆

材料

百合 20 克　　枸杞 15 克　　黄豆 60 克　　白糖适量

做法

① 黄豆洗净，用清水浸泡 6 ~ 8 小时；百合、枸杞分别用温水泡开。

② 将以上食材全部倒入豆浆机中，加水至上、下水位线之间，按下"豆浆"键。

③ 待豆浆机提示豆浆做好后，倒出过滤，再加入适量的白糖，即可饮用。

调理神经衰弱引起的失眠

小米绿豆粥

材料

小米 70 克

绿豆 50 克

盐适量

做法

① 小米、绿豆分别洗净，小米用清水浸泡 1 小时；绿豆用清水浸泡 4 小时。

② 注水入锅，大火烧开，倒入绿豆煮至滚沸后加入小米同煮，边煮边搅拌，待米再次煮开后，转小火继续慢熬至粥黏稠，加入盐调味，待盐溶化后，将粥倒入碗中，即可食用。

静心、
安眠

糯米小麦粥

材料

糯米 50 克　　小麦仁 50 克　　花生仁 15 克　　白糖适量

● 养生提示

　　此款糯米小麦粥具有改善睡眠质量的作用，尤其适合心血不足造成的失眠多梦、心悸不安、自汗盗汗者食用。

做法

① 糯米、小麦仁分别洗净，用清水浸泡 4 小时；花生仁用温水泡开。

② 注水入锅，大火烧开，将所有食材一起倒入锅同煮，边煮边搅拌。

③ 待米煮开后，转小火继续慢熬至粥黏稠，加入适量的白糖调味，待白糖溶化后，将粥倒入碗中，即可食用。

除燥除烦、止渴安神

脂肪肝

脂肪肝，指的是由于各种原因引起的肝细胞内脂肪堆积过多的病变，目前已成为威胁国人的第二大肝病。个人体质、生活习惯、饮食习惯等都可以成为导致脂肪肝的原因，据统计，较之一般人，肥胖者的脂肪肝发病率为50%，嗜酒和酗酒者脂肪肝的发病率为58%，胃肠功能失调的亚健康人群中脂肪肝的发病率则可达60%。

●**饮食建议** 高膳食纤维☑ 植物蛋白☑ 粗粮☑ 低脂☑
烟酒☒ 辛辣☒ 高糖☒ 动物油☒

●**推荐食物**

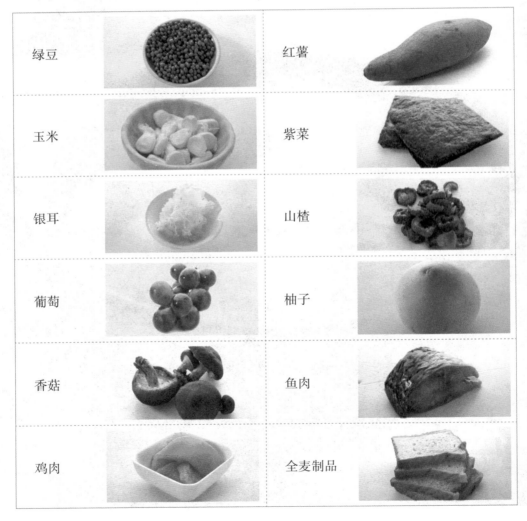

食物		食物	
绿豆		红薯	
玉米		紫菜	
银耳		山楂	
葡萄		柚子	
香菇		鱼肉	
鸡肉		全麦制品	

降低胆固醇

红薯大米糊

材料

红薯 80 克

大米 80 克

白糖适量

做法

1 红薯洗净，去皮，切成小块；大米洗净，用清水浸泡 2 小时。

2 将以上食材全部倒入豆浆机中，加水至上、下水位线之间，按下"米糊"键。

3 米糊煮好后，豆浆机会提示做好，倒入碗中后，加入适量的白糖，即可食用。

• 养生提示

红薯含有丰富的钾元素，可起到保持心脏健康、维持血压正常及促进胆固醇代谢的作用。

银耳玉米糊

材料

鲜玉米粒80克

银耳 1 朵

枸杞 5 克

白糖适量

做法

1 鲜玉米粒洗净，控干；银耳用温水泡发，去蒂，撕碎；枸杞用温水泡开。

2 将以上食材全部倒入豆浆机中，加水至上、下水位线之间，按下"米糊"键。

3 米糊煮好后，豆浆机会提示做好；倒入碗中后，加入适量的白糖，即可食用。

• 养生提示

此款银耳玉米糊除了能改善肝脏功能及维持肝脏健康外，还具有滋阴、补肾、美容的功效。

改善肝脏功能

玉米葡萄豆浆

材料

鲜玉米粒20克　　葡萄 30 克　　黄豆 50 克　　白糖适量

做法

① 黄豆洗净，用清水浸泡 6 ~ 8 小时；鲜玉米粒洗净；葡萄洗净，去皮，去籽。

② 将以上食材全部倒入豆浆机中，加水至上、下水位线之间，按下"豆浆"键。

③ 待豆浆机提示豆浆做好后，倒出过滤，再加入适量的白糖，即可饮用。

 养生提示

　　鲜玉米能够减低胆固醇，葡萄可补气血、护肝，二者同打为豆浆饮用有助于预防脂肪肝等肝部疾病。

预防脂肪肝

促进胆固醇转化

 银耳山楂豆浆

材料

银耳 1 朵　　山楂 20 克　　黄豆 70 克　　白糖适量

做法

① 黄豆洗净，用清水浸泡 6 ~ 8 小时；银耳用温水泡开，去蒂，撕碎；山楂用温水泡开，去核。

② 将以上食材全部倒入豆浆机中，加水至上、下水位线之间，按下"豆浆"键。

③ 待豆浆机提示豆浆做好后，倒出过滤，再加入适量的白糖，即可饮用。

 养生提示

　　此款银耳山楂豆浆富含山楂酸、柠檬酸等成分，能起到降低血清胆固醇和甘油三酯及改善血液微循环的作用。

海带黑豆红枣粥

材料

海带 30 克 　　黑豆 50 克 　　红枣 8 个 　　大米 50 克 　　盐适量

做法

① 大米、黑豆分别洗净，大米用清水浸泡 1 小时；黑豆用清水浸泡 4 小时；海带洗净，切丝；红枣用温水泡开，去核。

② 注水入锅，大火烧开，倒入黑豆煮至滚沸后加入大米、海带、红枣同煮，边煮边搅拌。

③ 待米煮至再次滚沸后，转小火继续慢熬至粥黏稠，加入适量的盐调味，待盐溶化后，将粥倒入碗中，即可食用。

• 养生提示

海带含有硫酸多糖，这种物质可有效清除附着在血管壁上的胆固醇。

抑制胆固醇的增加

紫菜虾皮粥

材料

紫菜 15 克　虾皮 15 克　松仁 15 克　大米 100 克　盐适量

做法

❶ 大米洗净，用清水浸泡 1 小时；紫菜撕小块，用清水泡开；虾皮、松子仁分别用清水洗净，控干。

❷ 注水入锅，大火烧开，倒入大米煮开后转小火慢熬 20 分钟后，加入紫菜、虾皮、松子仁同煮至粥黏稠，再加入盐，待盐溶化后，将粥倒入碗中，即可食用。

降低胆固醇与甘油三酯

菠菜枸杞粥

材料

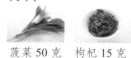

菠菜 50 克　　枸杞 15 克　　大米 70 克　　盐适量

此款菠菜枸杞粥除补肾护肝外，同时还具有明目、润肠、益精、清热等功效。

做法

❶ 大米洗净，用清水浸泡 1 小时；菠菜洗净，切段，入沸水略焯；枸杞用温水泡开。

❷ 注水入锅，大火烧开，倒入大米煮至滚沸后，加入菠菜、枸杞同煮，边煮边搅拌。

❸ 待米再次煮开后，转小火慢熬至粥黏稠，加入适量的盐调味，待盐溶化后，将粥倒入碗中，即可食用。

滋补肝肾、预防脂肪肝

骨质疏松

骨质疏松指的是骨量减少、骨的微观结构退化为主要特征的一种全身性骨骼疾病，可分为原发性和继发性两类。且饮食、生活环境、情绪等导致的酸性体质是造成骨质疏松的重要因素，所以防治骨质疏松首先得从生活饮食上做好调节。

●饮食建议 含钙食物☑ 维生素 C ☑ 优质蛋白质☑ 绿叶蔬菜☑
烟酒☒ 咖啡因☒ 甜食☒ 辛辣☒ 利尿药☒ 酸性食物☒

●推荐食物

黑豆	芝麻酱
奶酪	高汤
花菜	桑葚
虾仁	鱼肉
红枣	鸡蛋
栗子	枸杞

虾仁米糊

材料

 大米80克　 虾仁50克　 葱花适量　 料酒适量　 盐适量

做法

① 大米洗净，用清水浸泡2小时；虾仁去虾线，洗净，刀面拍烂，料酒腌渍15分钟。

② 将以上食材全部倒入豆浆机中，加水至上、下水位线之间，按下"米糊"键。

③ 米糊煮好后，豆浆机会提示做好，倒入碗中后，加入适量的盐，撒上葱花，即可食用。

● 养生提示

此款虾仁米糊具有很强的滋补功效，尤其适合中老年人、孕妇、儿童食用，但需注意的是此款粥不宜与葡萄、柿子等水果同食。

维持骨骼强度

桑葚红枣米糊

材料

 大米70克　 桑葚30克　 红枣10个　 白糖适量

做法

① 大米洗净，用清水浸泡2小时；桑葚用温水泡开；红枣用温水泡开，去核。

② 将以上食材全部倒入豆浆机中，加水至上、下水位线之间，按下"米糊"键。

③ 米糊煮好后，豆浆机会提示做好，倒入碗中后，加入适量的白糖，即可食用。

防治动脉硬化、关节硬化

● 养生提示

此款桑葚红枣米糊可起到防治人体骨骼关节硬化、骨质疏松的作用。

黑芝麻牛奶豆浆

材料

黑芝麻 20 克　牛奶 200 毫升　黄豆 50 克　　白糖适量

做法

① 黄豆洗净，用清水浸泡 6～8 小时；黑芝麻洗净，控干。

② 将以上食材和牛奶一起全部倒入豆浆机中，加水至上、下水位线之间，按下"豆浆"键。

③ 待豆浆机提示豆浆做好后，倒出过滤，再加入适量的白糖，即可饮用。

强壮筋骨

湿疹

　　湿疹是一种由多种内外因素引起的表皮及真皮浅层的炎症性皮肤病，可发生于任何年龄、任何季节、任何部位，具有非传染、有过敏性、易瘙痒、易反复等特点。需注意的是，湿疹患者在饮食上首先应根据自身情况隔绝变应原和发物，如虾、牛羊肉、方便食品、鸡蛋、辣椒、蘑菇等，同时也可食用一些排湿祛毒的食物进行辅助治疗。

●**饮食建议**　清淡饮食☑　高纤维食物☑　维生素E☑　绿叶蔬菜☑
　　　　　　辛辣☒　鸡蛋☒　羊肉☒　酒☒　葱蒜☒

●**推荐食物**

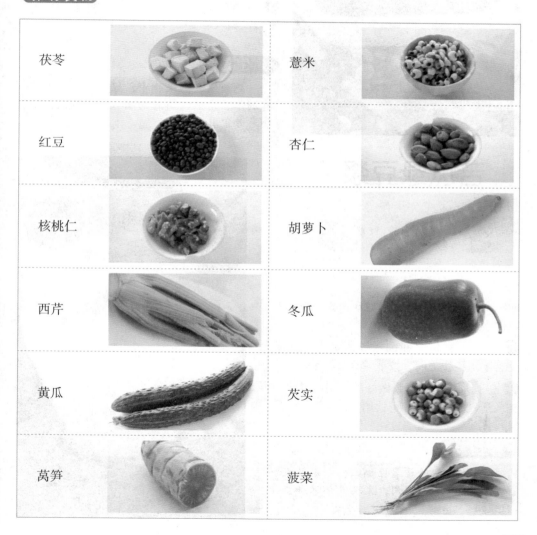

茯苓		薏米	
红豆		杏仁	
核桃仁		胡萝卜	
西芹		冬瓜	
黄瓜		芡实	
莴笋		菠菜	

清热止痒、除湿

绿豆薏米糊

材料

绿豆 50 克　　薏米 50 克　　生燕麦片 20 克　　白糖适量

做法

① 绿豆洗净，用清水浸泡 6 ~ 8 小时；薏米洗净，用清水浸泡 4 小时；生燕麦片洗净，控干。

② 将以上食材全部倒入豆浆机中，加水至上、下水位线之间，按下"米糊"键。

③ 米糊煮好后，豆浆机会提示做好，倒入碗中后，加入适量的白糖，即可食用。

● 养生提示

此款绿豆薏米糊中，绿豆、薏米都具有利水、清热、消肿的功效，尤其适合湿疹患者食用。

苦瓜绿豆浆

材料

苦瓜半根　　绿豆 50 克　　白糖适量

做法

① 绿豆洗净，用清水浸泡 6 ~ 8 小时；大米洗净，用清水浸泡 2 小时。

② 将以上食材全部倒入豆浆机中，加水至上、下水位线之间，按下"豆浆"键。

③ 待豆浆机提示豆浆做好后，倒出过滤，再加入适量的白糖，即可饮用。

● 养生提示

此款苦瓜绿豆浆性偏寒，祛湿效果显著，但不宜长期饮用，尤其是体寒体虚者应慎用。

祛湿止痒

薏米黄瓜绿豆浆

材料

 薏米 20 克　 黄瓜半根　 绿豆 50 克　 白糖适量

● 养生提示

　　此款薏米黄瓜绿豆浆除祛湿外，还具有良好的清热解毒、美容养颜的功效。

做法

① 绿豆洗净，用清水浸泡 6 ~ 8 小时；薏米洗净，用清水浸泡 4 小时；黄瓜洗净，去皮，切成小块。

② 将以上食材全部倒入豆浆机中，加水至上、下水位线之间，按下"豆浆"键。

③ 待豆浆机提示豆浆做好后，倒出过滤，再加入适量的白糖，即可饮用。

有助体内
湿气运化

冬瓜薏米粥

材料

冬瓜 40 克　　薏米 30 克　　大米 60 克　　香菜 1 根　　盐适量

做法

① 大米、薏米洗净，大米用清水浸泡 1 小时；薏米用清水浸泡 4 小时；冬瓜洗净，去皮去瓤，切块；香菜洗净，切碎。

② 注水入锅，大火烧开，倒入薏米煮沸后加入大米、冬瓜块同煮，边煮边搅拌，待米再次煮开后转小火慢熬至粥黏稠，加入盐调味，撒上香菜末，出锅即可食用。

● 养生提示

此款冬瓜薏米粥具有利尿消肿的功效，同时水肿型肥胖者食用可起到减肥的功效。

清热、消肿、利湿

百合绿豆薏米粥

材料

百合 30 克　　绿豆 40 克　　薏米 20 克　　大米 50 克　　白糖适量

做法

① 大米、绿豆、薏米分别洗净，大米用清水浸泡 1 小时；绿豆、薏米用清水浸泡 4 小时；百合用温水泡开。

② 注水入锅，大火烧开，倒入绿豆、薏米，煮开后加入大米、百合同煮，边煮边搅拌。

③ 待米再次煮开后，转小火继续慢熬至粥黏稠，加入适量的白糖调味，待白糖溶化后，将粥倒入碗中，即可食用。

● 养生提示

　　百合安神，绿豆、薏米都具有利水的功效，以上食材同熬为粥食用对消肿、除湿、安神静心都有很好的作用。

解毒利尿、
安神除湿

月经不调

月经不调通常可表现为月经周期出血量异常、经期前或经期时伴有严重腹痛或其他身体部位严重病变等。中医认为血虚、肾虚、血寒、气郁、血热以及实热等都可能导致月经不调，因此月经不调者首先应明确病因，然后再对症施治。同时，饮食上可根据自身情况多选择一些具有行气活血功效的食物以辅助调养。

·饮食建议 新鲜果蔬☑ 活血食物☑ 含铁食物☑
生冷☒ 辛辣☒ 寒性食物☒ 烟酒☒

·推荐食物

玫瑰花		益母草	
阿胶		木耳	
猪肝		鸭血	
黑豆		红枣	
山药		红糖	
鹌鹑蛋		牛奶	

疏肝解郁、调经

月季花米糊

材料

大米 100 克　干月季花 15 克　白糖适量

做法

① 大米洗净，用清水浸泡 2 小时；月季花用温水泡开，撕碎。

② 将以上食材全部倒入豆浆机中，加水至上、下水位线之间，按下"米糊"键。

③ 米糊煮好后，豆浆机会提示做好，倒入碗中后，加入适量的白糖，即可食用。

● 养生提示

　　此款月季花米糊具有活血调经、消肿解毒、美容的功效，尤其适合女性食用。

枸杞黑芝麻红豆浆

材料

枸杞 15 克　黑芝麻 20 克　红豆 60 克　白糖适量

做法

① 红豆洗净，用清水浸泡 6 ~ 8 小时；黑芝麻洗净，控干；枸杞用温水泡开。

② 将以上食材全部倒入豆浆机中，加水至上、下水位线之间，按下"豆浆"键。

③ 待豆浆机提示豆浆做好后，倒出过滤，再加入适量的白糖，即可饮用。

● 养生提示

　　此款枸杞黑芝麻红豆浆不仅具有补肾调经的功效，也可起到乌发、强心、美容的作用。

补肾调经

玫瑰香粥

材料

 玫瑰花 15 克　 糯米 100 克　 白糖适量

做法

① 糯米洗净，用清水浸泡 4 小时；玫瑰花用温水泡开，大部分切碎；剩余 1 ~ 2 朵捞起控干，装饰备用。

② 注水入锅，大火烧开，倒入糯米熬煮，边煮边搅拌。待米煮开后，加入玫瑰花碎转小火慢熬至粥黏稠，再加入白糖后，撒上剩余的玫瑰花装饰，出锅即可食用。

预防月经不调、缓解痛经

当归米糊

材料

 大米 70 克　 当归 20 克　 红枣 5 个　 白糖适量

● 养生提示

此款当归米糊不仅具有调经解痛的功效，同时对心血管疾病、高脂血症也有一定辅助治疗的作用。

做法

❶ 大米洗净，用清水浸泡 2 小时；当归加水煎煮，取汁备用；红枣用温水泡开，去核。

❷ 将以上材料倒入豆浆机中，加水至上、下水位线之间，按下"米糊"键。

❸ 米糊煮好后，豆浆机会提示做好，倒入碗中后，加入适量的白糖，即可食用。

调节经期、缓解痛经

益母草大米粥

材料

益母草 30 克　　大米 100 克　　红糖适量

● 养生提示

益母草具有活血调经、利尿消肿的功效，尤其适合月经不调、痛经、经闭、恶露不尽、水肿尿少以及急性肾炎水肿者食用此粥。

做法

① 大米洗净，用清水浸泡 1 小时；益母草加水煎煮，取汁备用。

② 注水入锅，大火烧开，倒入大米熬煮，边煮边搅拌。

③ 待米煮开后，加入益母草汁转小火慢熬至粥黏稠，再加入适量的红糖，待红糖溶化后，将粥倒入碗中，即可食用。

活血调经

附录
细数五谷杂粮

大米

性味归经

性平，味甘，归脾胃经。

养生功效

大米有补中益气、健脾养胃、润燥清肺、和五脏、通四脉等功效。可刺激胃液的分泌，有助于消化，补充人体所需多种营养成分。

怎么吃最科学

（1）大米做成粥更易于消化吸收。大米煮粥时不可放碱，因为碱会破坏大米中的维生素 B_1，人体如缺乏维生素 B_1，会出现"脚气病"。

（2）淘洗大米时不要用手搓，忌长时间浸泡或用热水淘米，否则会造成维生素的大量流失。

（3）用大米制作米饭时尽量少做捞饭，因为捞饭会损失掉大量维生素。

养生宜忌

一般人均可食用，尤其适宜久病初愈者、产后女性、老年人、婴幼儿消化力较弱者。但因大米含有较高的糖分，所以糖尿病患者不宜多食。

选购要点

挑选大米时要认真观察米粒颜色，表面呈灰粉状或有白道沟纹的米是陈大米，其量越多说明大米越陈。同时，要捧起大米闻一闻气味是否正常，如有霉味说明是陈大米。

特别提示

大米煮粥时，汤面上会有一层油，叫米油。米油能补虚，老幼皆宜，尤其适合病后以及产后身体虚弱的人食用，做粥的时候不要撇掉。

小米

性味归经

性凉，味甘咸，归肾、脾、胃经。

养生功效

小米含有多种维生素、氨基酸、脂肪、纤维素和碳水化合物，还含有一般粮食中不含的胡萝卜素，营养价值非常高。中医认为其有滋阴益肾、健脾养胃、补血安眠等功效。

怎么吃最科学

（1）小米的氨基酸中缺乏赖氨酸，而大豆的氨基酸中富含赖氨酸，可以补充小米的不足，所以小米宜与大豆或肉类食物混合食用。

（2）小米可蒸饭、煮粥，磨成粉后可单独或与其他面粉掺和制作饼、窝头、丝糕、发糕等，糯性小米也可酿酒、酿醋、制糖等。

（3）小米粥不宜太稀薄，淘米时不要用手搓，忌长时间浸泡或用热水淘米。

养生宜忌

一般人均可食用，尤其适宜老人、病人、产妇，滋补效果较佳。但平素体虚寒，小便清长者应少食，气滞者忌用。

选购要点

（1）优质小米闻起来具有清香味，无其他异味。严重变质的小米，手捻易成粉状，碎米多，闻起来微有霉变味、酸臭味或其他不正常的气味。

（2）取少量小米放于软白纸上，用嘴哈气使其润湿，然后用纸捻搓小米数次，观察纸上是否有轻微的黄色，如有黄色，说明其染有黄色素。

（3）优质小米尝起来味微甜，无异味，若尝起来味苦，或有其他不良滋味均为劣质小米。

特别提示

小米的蛋白质营养价值并不比大米更好，因为小米蛋白质的氨基酸组成并不理想，赖氨酸过低而亮氨酸又过高，所以不能完全以小米为主食，应注意搭配，以免缺乏其他营养。

糯米

性味归经

性温，味甘，归脾、胃、肺经。

养生功效

糯米含有丰富的蛋白质、脂肪、糖类、钙、铁、维生素 B_1、维生素 B_2 等营养物质，中医认为其具有补中益气、健脾养胃、止虚汗的功效，可缓解食欲不佳，腹胀腹泻。

怎么吃最科学

（1）糯米适宜煮成稀薄粥，这样不仅营养丰富、有益滋补，且极易消化吸收，可补养胃气。

（2）糯米可制成酒，用于滋补健身和治病。

养生宜忌

糯米年糕无论甜咸，其碳水化合物和钠的含量都很高，因此糖尿病、高血脂、肾脏病患者尽量少吃或不吃；老人、儿童、病人等胃肠消化功能障碍者不宜食用。

选购要点

购买糯米时，宜选择乳白或蜡白色、不透明，以及形状为长椭圆形、较细长，硬度较小的为佳。

特别提示

糯米宜加热后食用，因为冷糯米食品不但很硬，口感也不好，更不宜消化。

燕麦

性味归经

性平，味甘，归肝、脾、胃经。

养生功效

燕麦富含淀粉、蛋白质、脂肪、B族维生素、钙、铁等营养成分，具有益肝和胃、养颜护肤等功效。燕麦还有抗细菌、抗氧化的功效，在春季能够有效地增强人体的免疫力，抵抗流感。美国、法国等国家称燕麦为"家庭医生""植物黄金""天然美容师"。

怎么吃最科学

（1）燕麦的食用方法可谓多种多样，除了可以直接煮粥食用外，还可以经过加工制成罐头、饼干、燕麦片、糕点等食品，营养丰富，老少皆宜。

（2）搭配水果、牛奶一起食用，口味清新，营养也更加丰富。

养生宜忌

一般人都可使用，尤其适宜老人、妇女、儿童，还有便秘、糖尿病、脂肪肝、高血压、动脉硬化患者。因燕麦的功效作用，虚寒病患者、皮肤过敏者、肠道敏感者不适宜吃太多的燕麦，以免引起胀气、胃痛、腹泻。

选购要点

（1）看燕麦片产品的膳食纤维含量，纯燕麦产品的膳食纤维含量在6% ~ 10%。

（2）注意产品中糖的含量，市场上有些麦片或燕麦片产品的含糖量高于40%，这样有些过高，对健康不利。

（3）标有"不含蔗糖"的产品不等于无糖，因为如果产品中的淀粉含量高的话，糖尿病患者食用后也同样会导致血糖升高。

特别提示

很多人都以为"麦片"和"燕麦片"是一个概念，其实不然，一般麦片食物里基本上都不含燕麦片，在选择食用时一定要注意。

薏米

性味归经

性凉，味甘、淡，归脾、胃、肺经。

养生功效

薏米既是一种美味的食物，也是一味常用的利尿渗湿药，中医认为其有利水消肿、健脾去湿、舒筋除痹、清热排脓等功效。现代医学研究表明，薏米富含淀粉、蛋白质、多种维生素及人体所需的多种氨基酸，是一种美容食品，常食可以保持人体皮肤光泽细腻，可消除粉刺、雀斑、老年斑、妊娠斑等。

怎么吃最科学

冬天用薏米炖的猪脚、排骨或鸡，是一种滋补食品。夏天可以用薏米煮粥或作冷饮冰薏米，是很好的消暑健身的清补剂。

养生宜忌

薏米是一种很好的养生食品，健康人常吃薏米，能使身体轻捷，降低肿瘤发病概率。还可以作为各种癌症、关节炎、急慢性肾炎水肿、脚气病水肿、疣赘等病患者的食疗方。但因其性寒凉，女性怀孕早期应忌食；另外汗少、便秘、大便燥结者也不宜食用，津液不足者要慎食。

选购要点

新鲜的薏米有一股类似稻谷的清香味道或者天然的植物气味，反之，如果有其他任何异味，就可能是陈薏米或者是化学药品熏制的，须谨慎购买。

特别提示

薏米性寒，长期大量单独食用，会导致肾阳虚，体质下降，抵抗力降低，严重会导致不育不孕，一般食用周期不要超过 1 周。

玉米

性味归经

性平，味甘，归胃、膀胱经。

养生功效

玉米胚尖所含的营养物质有增强人体新陈代谢、调整神经系统功能、使皮肤细嫩光滑、抑制或延缓皱纹产生的作用，对青春痘有一定的调节作用。中医认为，玉米具有健脾益胃、利水渗湿、利胆明目等功效。

怎么吃最科学

（1）玉米可以直接煮食，煮玉米时，在水开后往里面加少许盐，这样能强化玉米的口感，吃起来有丝丝甜味。还可以在煮玉米时，往水里加一点小苏打，有助于玉米中的烟酸充分释放出来，营养价值更高。

（2）玉米可以搭配其他食物做成汤，或单独做成菜，如松仁玉米，口味独特，也可以磨成面，做成窝头、玉米饼等主食，营养丰富。

（3）可以加工成爆米花或其他膨化食品，作为日常零食食用。

养生宜忌

一般人均可食用玉米，尤其适宜食欲不振、水肿、气血不足、"三高"、动脉硬化、尿道感染、胆结石等患者食用。但需要注意患有干燥综合征、糖尿病、更年期综合征且属阴虚火旺之人不宜食用爆玉米花，否则易助火伤阴。

选购要点

（1）购买生玉米时，以挑选七八成熟的为好，玉米洗净煮食时最好连汤也喝，若连同玉米须和两层绿叶同煮，则降压等保健效果更为显著。

（2）尽量选择新鲜玉米，其次可以考虑冷冻玉米，选购冷冻玉米时一定要注意保存期限。

（3）若是选购玉米面，可以抓一小把玉米面，放在手中反复捻搓，然后，将手打开，让玉米面滑落，待其落光后，双手心若沾满细粉面状或浅黄或深黄的东西，即是掺兑的颜料。

特别提示

受潮的玉米会产生的致癌物黄曲霉毒素，不宜食用。

高粱米

性味归经

性温，味甘、涩，入脾、胃经。

养生功效

高粱米含有丰富的养分，如：糖分、矿物质和维生素等，中医认为其具有温中养胃、健脾止泻的功效，可用于治疗消化不良、小便不利等症。另外，高粱米的烟酸含量虽不如玉米多，但却能为人体所吸收，以高粱米为主食的地区很少发生"癞皮病"。

怎么吃最科学

（1）高粱米直接煮成粥，或搭配其他食材一起煮粥食用，可以起到温中理气的效果。

（2）高粱米可磨成面后再加工成其他食品，例如：年糕、面条、煎饼等，花样繁多。

（3）高粱米还可以加工成淀粉，还可酿酒、制糖等，均有一定食用价值。

养生宜忌

一般人皆可食用，尤适宜消化不良、脾胃气虚、大便溏薄的人食用。但大便燥结以及便秘者应少食或不食高粱米。

选购要点

颗粒整齐、富有光泽、干燥无虫、无沙粒、碎米极少、闻之有清香味的是优质高粱米。质量不佳的高粱米则颜色发暗、碎米多、潮湿有霉味，不宜选购。

特别提示

在煮高粱米的时候，一定要将其煮烂，以免影响消化。

荞麦

性味归经

性平，味甘，归胃、大肠经。

养生功效

荞麦有一个别名叫"净肠草"，中医认为其能充实肠胃，增长气力，提精神，除五脏的滓秽。现代医学研究表明，荞麦含有丰富的蛋白质、维生素，故有降血脂、保护视力、护心安眠、软化血管、降低血糖的功效。同时，荞麦还可杀菌消炎，故有"消炎粮食"的美称。

怎么吃最科学

（1）荞麦去壳后可直接烧制荞麦米饭，味道清淡，还可以清理肠胃。

（2）荞麦可以磨成面，虽然看起来色泽不佳，但用它做成扒糕或面条，佐以麻酱或羊肉汤，风味独特。

（3）荞麦还可作麦片和糖果的原料，磨成粉还可做水饺皮、凉粉等。

养生宜忌

一般人群均可食用，尤其适宜食欲不振、肠胃积滞、慢性泄泻、糖尿病等患者食用。但不适合脾胃虚寒、消化功能不佳及经常腹泻的人。

选购要点

（1）优质的荞麦颗粒均匀、光泽好，这样的荞麦属于天然生长的荞麦，没有受到任何外界因素的影响，其口感是非常好的。

（2）选择颗粒饱满的荞麦，这样的荞麦不但营养非常充足，而且吃起来很有嚼头，口感好。

（3）选购的时候，可以拿几颗来用手捏捏，坚实、圆润者为佳。

特别提示

要注意一次不可食用太多荞麦，否则易造成消化不良。

紫米

性味归经

性温，味甘，归脾、胃、肺经。

养生功效

紫米富含蛋白质、氨基酸、淀粉、粗纤维、铁、钙、锌、硒等营养成分。《本草纲目》记载：紫米有滋阴补肾、健脾暖肝、明目活血等作用。

怎么吃最科学

（1）可与大米搭配蒸或煮，按 1 : 3 的比例掺和（即四分之一的紫米与四分之三的白米），用高压锅煮饭 30 分钟，香气扑鼻，口感极佳。

（2）紫米与糯米按 2 : 1 的比例掺和熬成粥，清香怡人，黏稠爽口，亦可根据个人喜好加入适量黑豆、花生、红枣等，风味甚佳。

（3）还可以炖排骨，或做粽子、米粉粑、点心、汤圆、面包、紫米酒等。

养生宜忌

紫米中氨基酸含量丰富，一般人均可食用，尤其满足儿童和老年人及孕妇的营养需要，但神经性疾病患者不宜食用紫米。

选购要点

（1）纯正的墨江紫米米粒细长，颗粒饱满均匀。

（2）外观色泽呈紫白色或紫白色夹小紫色块。用水洗涤水色呈黑色（实际紫色）。

（3）用手抓取易在手指中留有紫黑色。用指甲刮除米粒上的色块后米粒仍然呈紫白色。

（4）纯正的紫米晶莹、透亮，糯性强（有黏性），蒸制后能使断米复续。入口香甜细腻，口感好。

特别提示

紫米富含纯天然营养色素和色氨酸，下水清洗或浸泡会出现掉色现象（营养流失），因此不宜用力搓洗，浸泡后的水（红色）请随同紫米一起蒸煮食用，不要倒掉。

黑米

性味归经

性平，味甘，归脾、胃经。

养生功效

黑米含有人体需要的多种矿物质，如蛋白质、锰、锌等，具有抗衰老的功效。中医认为，黑米可开胃益中、健脾活血、明目。

怎么吃最科学

（1）黑米可以用来煮粥，米汤色黑如墨，喝到口里有一股淡淡的药味，特别爽口合胃，可以作为头晕目眩、腰膝酸软等症的食疗方。要注意的是，由于黑米不易煮熟，所以煮粥前必须先浸泡，使其充分吸收水分，而且泡米用的水要与米同煮，以保存其中的营养成分。

（2）黑米可以做成点心、汤圆、粽子、面包等，营养丰富，软糯适口，有很好的滋补作用。

养生宜忌

一般人均可食用黑米，尤其适合产后血虚、病后体虚者或贫血者、肾虚者、年少须发早白者食用。但因其不好消化，所以脾胃虚弱者、小儿与老年人不宜过量食用。

选购要点

（1）优质黑米有光泽，米粒大小均匀，不含杂质，很少有碎米，无虫；劣质黑米的色泽暗淡，米粒大小不匀，饱满度差，碎米多，有虫，有结块等。

（2）黑米的黑色集中在皮层，胚乳仍为白色，而普通大米的米心是透明的，没有颜色。用大米染成的黑米，外表虽然比较均匀，但染料的颜色会渗透到米心里去。

（3）还可以先买回少量，用清水浸泡以检查质量。正常黑米的泡米水是紫红色，稀释以后也是紫红色或偏近红色。如果泡出的水像墨汁一样，经稀释以后还是黑色，这就是假黑米。

特别提示

黑米外部有坚韧的种皮包裹，不易煮烂。若不煮烂，其营养成分不能溶出，多食后易引起急性肠胃炎，因此应先浸泡一夜再煮。

大麦

性味归经

性温、寒，味甘、咸，无毒，归脾、胃经。

养生功效

大麦含有麦芽糖、糊精、B族维生素、磷脂、葡萄糖等多种营养物质。中医认为，大麦有消渴除热毒、益气调中、滋补虚劳、宽胸下气、凉血、消食开胃的功效。

怎么吃最科学

（1）大麦可以单独做粥，或者搭配其他粮食食用，"八宝粥"中不可或缺的原料就有大麦。

（2）大麦可以制作麦芽糖，同时也是制作啤酒的主要原料，还可以炒制成茶饮用。

养生宜忌

一般人群均可食用，尤其适宜胃气虚弱、消化不良者食用，可作为肝病、食欲不振、伤食后胃满腹胀者的食疗方。女性回乳时乳房胀痛者宜食大麦芽，但是因大麦芽可回乳或减少乳汁分泌，故女性在怀孕期间和哺乳期内忌食。

选购要点

优质的大麦颗粒饱满，无虫蛀霉变，气味为清香的粮食味。

特别提示

长时间食用大麦会伤肾。

黄豆

性味归经

性平，味甘，归脾、胃、大肠经。

养生功效

黄豆有"豆中之王"之称，含有丰富的蛋白质，而且其脂肪含量在豆类中居首位，出油率高达20%。黄豆富含多种维生素、矿物质和多种人体不能合成但又必需的氨基酸。中医认为黄豆宽中、下气、利大肠、消水肿毒，具有补脾益气、消热解毒的功效，是食疗佳品。

怎么吃最科学

（1）黄豆的食用方法有很多，最常见的就是制成豆浆或豆芽食用，营养丰富。

（2）黄豆也可以磨成粉搭配玉米面、红薯粉等制成糕点食用，色泽艳丽，口感醇厚。

（3）黄豆可以搭配五谷做成粥食用，合理搭配，效果翻倍。

（4）除了以上食用方法以外，黄豆也是制作豆腐的主要原料，豆腐具有降血压、降血脂、降胆固醇的功效，生熟皆可，老幼皆宜，是益寿延年的美食佳品。

养生宜忌

一般人均可食用黄豆，尤其是更年期妇女、糖尿病患者、心血管病患者及脑力工作者、减肥者适合食用。但是有慢性消化道疾病、严重肝病、肾病、痛风、消化性溃疡、低碘病患者、对黄豆过敏者不宜食用。

同时研究已明确表示，男性还是少吃黄豆制品为好。因为黄豆含有大量的雌性激素，如果男性摄入过多会影响精子质量，甚至可能导致男性在晚年出现睾丸癌。

选购要点

（1）看脐色。黄豆脐色一般可分为黄白色、淡褐色、褐色、深褐色及黑色五种。黄白色或淡褐色的质量较好，褐色或深褐色的质量较次。

（2）质地。颗粒饱满且整齐均匀，无破瓣，无缺损，无虫害，无霉变的为好黄豆；

反之则为劣质黄豆。

（3）干湿度。牙咬豆粒，声音清脆成碎粒，说明黄豆干燥、储存良好；若声音不清脆则说明黄豆潮湿。

（4）观肉色。咬开大豆，察看豆肉，深黄色的含油量丰富，质量较好。淡黄色含油量较少，质量差些。

特别提示

生大豆含有不利健康的抗胰蛋白酶和凝血酶，所以大豆不宜生食，夹生黄豆也不宜吃，食用时宜高温煮烂。

黑豆

性味归经

性平，味甘，归脾经、胃经。

养生功效

人们一直将黑豆视为药食两用的佳品，因为它有高蛋白、低热量的特性。有机黑豆中蛋白质含量高达 36% ~ 40%，相当于肉类的 2 倍、鸡蛋的 3 倍、牛奶的 12 倍，还能提供食物粗纤维，促进消化，防止便秘发生。中医认为，黑豆有利水活血、祛风解毒的功效。

怎么吃最科学

（1）黑豆的食法很多，可直接煮食，也可搭配其他食物做成汤，例如：黑豆乌鸡汤、黑豆鲫鱼汤等。

（2）黑豆也可以生豆芽食用，黑豆芽可凉拌，也可做汤，营养丰富。

（3）黑豆还可做成豆腐、豆浆食用，也可研磨成黑豆粉食用，对秃发、脱发、头发早白等有一定食疗作用。

养生宜忌

一般人群均可食用，黑豆尤其适宜脾虚水肿者、脚气水肿者、体虚之人食用。黑豆煮熟食用利肠，炒熟食用闭气，生食易造成肠道阻塞。黑豆不宜多食、久食。《本草汇言》说："黑豆性利而质坚滑，多食令人腹胀而痢下。"《千金翼方》中说："久食黑豆令人身重。"

选购要点

（1）看颜色。黑豆在清洗时出现掉色是正常的现象，但掉色不会太明显，且清洗后再浸泡，水大多呈现浑浊状，不会因清洗或者浸泡呈现浓黑色。

（2）闻气味。若是染色黑豆，其染料多少会有残留气味存在。

手揉搓。用手指反复揉搓干黑豆，或者在干净的白纸上使其来回滑动，如果留有黑色印迹，则多为染色黑豆。

（3）看豆仁。真黑豆剥开豆皮后，豆仁的豆身大多为绿色或者黄色，染色黑豆颜色会渗透内皮，使豆身变黑色。

特别提示

黑豆皮中含有果胶、乙酰丙酸和多种糖类，有养血疏风、解毒利尿、明目益精的功效。此外，黑豆皮还含有花青素，花青素是很好的抗氧化剂，能清除体内自由基，尤其是在胃的酸性环境下，抗氧化效果好。所以在食用黑豆时，最好连皮一起食用。

绿豆

性味归经

性凉，味甘，归心、胃经。

养生功效

绿豆淀粉中含有相当数量的低聚糖，所提供的能量值比其他谷物低，对于肥胖者和糖尿病患者有辅助治疗的作用。绿豆含有丰富胰蛋白酶抑制剂，可以保护肝脏。绿豆不仅具有良好的食用价值，还具有非常好的药用价值。中医认为，绿豆可"厚肠胃、明目、治头风头痛、除吐逆、治痘毒、利肿胀"以及"解金石、砒霜、草木一切诸毒"。

怎么吃最科学

（1）绿豆可与大米、小米掺和起来制作干饭、稀饭等主食。

（2）绿豆也可磨成粉后制作糕点及小吃，例如：绿豆糕、绿豆饼等。

（3）绿豆中的淀粉还是制作粉丝、粉皮及芡粉的原料，此外，绿豆还可制成细沙做成各种点心的馅料。

（4）绿豆可熬制成绿豆汤，夏天饮用，有清热解暑的功效。

养生宜忌

一般人群均可食用，但是体质虚弱的人不要多食。从中医角度讲，寒性体质的人也不要多食绿豆。由于绿豆有解毒的功效，所以正在吃中药的人不要食用绿豆，以免降低药效。

选购要点

挑选绿豆，应挑选无霉烂、无虫口、无变质的绿豆，新鲜的绿豆应是鲜绿色的，老的绿豆颜色会发黄。

特别提示

绿豆不宜煮得过烂，以免使有机酸和维生素遭到破坏。此外还需注意，绿豆忌用铁锅煮，否则绿豆中的类黄酮与金属离子会发生反应，干扰绿豆的抗氧化能力及食疗功效，并且会使汤汁变色。

红豆

性味归经

性平，味甘、酸，归心、小肠经。

养生功效

中医认为，红豆具有利尿作用，对心脏病和肾病、水肿等症均有益。红豆富含叶酸，产妇、乳母吃红小豆有催乳的功效，且具有良好的润肠通便、降血压、降血脂、调节血糖、预防结石、健美减肥的作用。

怎么吃最科学

（1）红豆一般用于煮饭、煮粥，味道甜美，色泽漂亮，营养丰富。

（2）红豆还可以用于菜肴，做成汤，如"红豆无花果汤"等。

（3）红豆还可以做成豆沙，用于各种糕团面点的馅料或者加工成雪糕，香气独特、口味香甜。

（4）红豆还可发制红豆芽，食用同绿豆芽。

养生宜忌

红豆有利尿效果，尿频的人要避免食用，也因食用红豆有此效果，不宜多食久食，古代医学家陶弘景说过："（红豆）性逐津液，久食令人枯燥。"

选购要点

选购红豆以颗粒饱满、色泽自然红润（色泽暗淡无光、干瘪的可能放置时间较长，会影响口感）、颗粒大小均匀的为佳。

特别提示

红豆与相思子二者外形相似，但功效悬殊，如若误用，可能产生严重后果，过去曾有误把相思子当作红豆服用而引起中毒甚至死亡的，所以在选购时一定要区分二者。区别方法主要从颜色和外形上分辨，红豆颜色赤黯，外形扁而紧小，而相思子颜色鲜艳，个大，红头黑底，粒圆而饱满。

豌豆

性味归经

味甘，性平，归脾、胃经。

养生功效

豌豆中含有丰富的膳食纤维，能促进大肠蠕动，保持大便通畅，起到清洁大肠的作用。豌豆还含有丰富的胡萝卜素，食用后可防止人体致癌物质的合成，从而减少癌细胞的形成，降低人体癌症的发病率。中医认为，豌豆有美容养颜、生津止渴、和中、下气、通乳消胀的功效。

怎么吃最科学

（1）豌豆适合与富含氨基酸的食物一起烹调，例如芝麻、猪血、鸡蛋、虾、鱼、牛奶、牛肉等，这样可以显著提高豌豆的营养价值。

（2）豌豆磨成的豌豆粉是制作糕点、豆馅、粉丝、凉粉、面条、其他风味小吃的原料，如美味可口的豌豆黄等。

养生宜忌

一般人群均可食用。豌豆是铁和钾的上等来源，缺铁性贫血和因低钾而免疫力低下的患者，可以适量多吃一些。但脾胃较弱者不宜食用过多豌豆，以免产生腹胀现象。

选购要点

挑选豌豆，一般来说，荚果扁圆形的最好，荚果为正圆形则过老，筋（背线）凹陷也表示过老。此外，可以手握一把豌豆，若咔嚓作响则表示新鲜程度高。

特别提示

豌豆粒多食会发生腹胀，故不宜长期大量食用。

扁豆

性味归经

性温，味甘，归脾、胃经。

养生功效

中医认为，扁豆可以补养五脏、止呕吐，有解毒的功效，可使人体内的风气通行，解酒毒、鱼蟹毒、草木之毒。还可以治愈痢疾，消除暑热，温暖脾胃，除去湿热，止消渴，长期食用还可以使头发不白。现代研究表明，扁豆中的植物血细胞凝集素能使癌细胞发生凝集反应、肿瘤细胞表面发生结构变化，可促进淋巴细胞的转化，增强对肿瘤的免疫能力，抑制肿瘤的生长，起到防癌抗癌的效果。

怎么吃最科学

（1）扁豆可以搭配谷类做成粥，味道清香，营养丰富。

（2）将扁豆用热水泡透，上锅蒸软后搭配豆沙、白糖等做成扁豆糕，味道甜美。

（3）扁豆可以单独用食油和盐煸炒后，加水煮熟食，有健脾除湿、止带的功效，可用于妇女脾虚带下、色白。

养生宜忌

一般人群均可食用，尤其适宜脾虚便溏、饮食减少、恶心烦躁、口渴欲饮、夏季感冒挟湿、心腹疼痛、慢性久泄的人群，以及妇女脾虚带下、急性胃肠炎、消化不良、暑热头痛头昏、癌症患者等食用。但是患寒热病者，着凉的人，患疟者不可食。

选购要点

选购扁豆，以粒大、饱满、色白者为佳。

特别提示

扁豆含有毒蛋白、凝集素以及能引发溶血症的皂素，在烹调时需要注意，一定要煮熟以后才能食用，否则可能会出现食物中毒现象。

花豆

性味归经

性平，味甘，归脾、肺经。

养生功效

花豆的营养相当丰富，含蛋白质和17种氨基酸、糖类、维生素以及矿物质，享有"豆中之王"的美誉。现代研究发现，花豆富含膳食纤维，可以预防和改善便秘症状，降低大肠癌的发病概率，降低血胆固醇，有助于预防心脑血管疾病发生。中医认为，花豆有去湿、利水肿、治脚气的功效。对呕吐、腹胀、气管炎等疾病也有一定的治疗效果。

怎么吃最科学

（1）花豆是筵中美味佳品，炖鸡肉、炖排骨特别开胃，而且花豆还能把各种肉类中的脂肪降低，实为神奇的煲汤佳品。

（2）花豆也可以制成甜点或做成糕饼点心的馅料。

（3）无论用哪种食用方法，都要注意干花豆表皮坚硬，久煮不易烂，所以干花豆用水洗净后，应浸泡一夜，浸软、沥干后方可用来烹调成各式料理，如果是新鲜花豆，则可直接烹调。

养生宜忌

一般人群均可食用。花豆含丰富蛋白质、淀粉及糖类，属于高热食物，故减肥者要少食或禁食。花豆含有较多的钾元素，肾病患者不宜食用过量的花豆。

选购要点

选购花豆，以表皮带有光泽、豆身大而饱满、结实坚硬、色泽优良，并有白色或红斑点者为佳。

特别提示

过敏体质的人不适合吃花豆，可能会引发不良反应。

芸豆

性味归经

性温，味甘，归心、胃经。

养生功效

现代医学研究发现，芸豆中的皂苷类物质能促进脂肪代谢，所含的膳食纤维还可加快食物消化，是减肥者的理想食品之一。芸豆含有皂苷、尿毒酶和多种球蛋白等独特成分，具有提高人体自身的免疫能力，增强抗病能力，激活淋巴 T 细胞，促进脱氧核糖核酸的合成等功能，对肿瘤细胞的发展有抑制作用。中医古籍记载，芸豆具有温中下气、利肠胃、止呃逆、益肾补元气等功用，是一种滋补食疗佳品。

怎么吃最科学

（1）芸豆的食用方法有很多，可以搭配其他食材一起做成主食食用，例如：芸豆粥、芸豆饼、芸豆焖面等。

（2）芸豆还可以单独做成菜，用以佐餐，例如：干煸芸豆、五香芸豆等。

（3）芸豆还可以加工成一些糕点的馅料，如：芸豆月饼、芸豆卷等。

养生宜忌

一般人群均可食用。芸豆是一种难得的高钾、高镁、低钠食品，尤其适合心脏病、动脉硬化、高血脂、低血钾症和忌盐患者食用。芸豆在消化吸收过程中会产生过多的气体，造成胀肚，故消化功能不良、有慢性消化道疾病的人应尽量少食。

选购要点

选购芸豆，应挑选豆荚饱满匀称，色泽青嫩，表皮平滑无虫痕的。皮老多皱纹、变黄或呈乳白色多筋者是老芸豆，不易煮烂。

特别提示

芸豆中含皂素和血球凝集素两种有毒物质，这两种物质必须在高温下才能分解。所以无论通过哪种方法食用芸豆，一定要煮透才能吃，否则，就不能彻底破坏这些有毒成分，极易导致中毒。因此，烹饪芸豆最好炖食，炒食时不要过于贪图脆嫩，应充分加热，使之彻底熟透，消除其毒性。

花生

性味归经

性平，味甘，归脾、肺经。

养生功效

中医认为，花生具有悦脾和胃、润肺化痰、滋养补气、清咽止痒的功效，有"长生果"之称。花生含丰富的脂肪油，可以起到润肺止咳的作用。就连不起眼的花生衣中，也含有使凝血时间缩短的物质，这种物质能对抗纤维蛋白的溶解，有促进骨髓制造血小板的功能，对多种出血性疾病，不但有止血的作用，而且对原发病有一定的治疗作用，对人体造血功能有益。

怎么吃最科学

（1）花生可以直接生食、炒食、煮食，也可煎汤食用。

（2）将花生连红衣与红枣配合使用，有补虚止血的作用，适宜身体虚弱的出血病人食用。

（3）花生炖吃最好，可以避免营养素的破坏，而且口感潮润、入口好烂、易于消化。

养生宜忌

一般人群均可食用，尤其适合病后体虚的人及孕期、产后的妇女进食。但因花生含大量油脂，有轻泻作用，故而慢性肠炎、切除胆囊的人不宜多吃；患有口腔炎、舌炎、口舌溃烂、唇泡、鼻出血等热上火的人也不宜多吃。每天食用量以 80 克为宜，不要过多。

选购要点

（1）看外观。应选粒大饱满、有光泽、形状均匀的花生。

（2）看颜色。花生衣呈深桃红色者为上品，颜色深的花生，通常富含抗氧化的多酚类物质，且蛋白质含量要高一些，脂肪含量低一些。

特别提示

花生会引起极其罕见的过敏症，具体表现是：血压降低、面部和喉咙肿胀，这些都会阻碍呼吸，从而导致休克。有此症状的人要禁食花生，必要时须及时就医。

红薯

性味归经

性平、微凉，味甘，入脾、胃、大肠经。

养生功效

红薯是一种物美价廉的健身长寿食品，有"土人参"的美称。我国医学工作者对广西西部的百岁老人之乡进行调查后发现，此地的长寿老人有一个共同的特点，就是习惯每日食红薯，甚至将其作为主食。红薯含有一种类似雌性激素的物质，对保护人体皮肤、延缓衰老有一定作用。红薯还是一种理想的减肥食品，其产热量低，且耐受消化酶的分解代谢，因而在体内的消化、吸收很缓慢，能够维持血糖平衡，减轻饥饿感。中医言红薯可"补虚乏，益气力，健脾，强肾阴"。

怎么吃最科学

（1）红薯缺少蛋白质和脂质，搭配蔬菜、水果及蛋白质食物一起吃，才不会营养失衡。

（2）红薯最好在午餐这个黄金时段吃，有助于钙的吸收。

（3）红薯可以搭配其他五谷杂粮一起制成甜美的粥品，例如：小米红薯粥、红薯玉米粥等。

（4）红薯也可以直接蒸煮后食用，味道甜美，营养丰富。但需注意，红薯一定要蒸熟煮透再吃，因为红薯中的淀粉颗粒不经高温破坏，难以消化。

（5）红薯还可以制作成菜品，例如：拔丝地瓜、红薯丸子等。

养生宜忌

一般人群均可食用。但胃胀、胃溃疡、胃酸过多及糖尿病患者不宜多食。

选购要点

选购红薯，要选择外表干净、光滑、形状好、坚硬和发亮的。表面有伤的红薯不要买，因为不容易保存，易腐烂；表面有小黑洞的，也不要选择，因为红薯内部很可能已经腐烂。

特别提示

红薯不宜食用过多，每次以 50 ~ 100 克为宜，因为红薯含有一种氧化酶，这种酶易在人的胃肠道里产生大量二氧化碳气体，如红薯吃得过多，会使人腹胀、呃逆、放屁。另外，红薯的含糖含量较高，吃多了刺激胃酸大量分泌，使人感到"烧心"，在食用时，搭配一些咸菜，可有效缓解这一情况。

白果

性味归经

性平，味甘、苦、涩，有小毒，归肺、肾经。

养生功效

现代医学研究发现，白果叶中含有莽草酸、白果双黄酮、异白果双黄酮、甾醇等，对治疗高血压及冠心病、心绞痛、脑血管痉挛、血清胆固醇过高等病症有一定效果。中医认为，白果性味甘、苦，有小毒，能敛肺气、定痰喘、止带浊、止泄泻、解毒、缩小便，主治带下白浊、小便频数、遗尿等症。

怎么吃最科学

（1）白果有多种食用方法，例如，可以加在很多菜肴中作为配料。这种食用方法，需要先将白果除骨质中种皮，除尽种皮的白果仁可作烧鸡、烧鸭或烧肉、碗蹄髈等菜肴的配料，一起烹饪食用。在这类菜肴中加入白果肉，可以消除肉的油腻感，使人食欲大增，起到调节胃口的作用。

（2）白果可以加工成白果羹，清香可口，不仅可以充饥，而且能够治病，深受人们喜爱。

（3）白果还可以制作成饮品，具有明显的滋补身体的作用，具体做法是：将白果去除种胚、研碎，用开水冲泡，再加糖直接饮用，也可和豆浆混合一起饮用，还可加入牛奶或梨等炖甜品食用。

（4）白果仁还可用来制作糕点，可以增加糕点的糯性和口感，还能增加糕点的食用价值。

养生宜忌

一般人均可食用，尤其适宜尿频者、体虚的女性食用，但因白果具有一定毒性，孕妇及婴幼儿要慎食。

选购要点

（1）观其外观。优质的白果外表洁白、无霉点、无裂痕，新鲜的白果种仁黄绿，若种仁灰白粗糙、有黑斑，则表明其已干缩变质。

（2）闻其味道。种仁无任何异味的表明未变质，如果有臭味，虽未霉变干缩但也说明其已经开始变质。

（3）听其声音。摇动种核无声音者为佳，有声响者表明种仁已干缩变质。

特别提示

白果有少量毒性，食量或食用方法不当则易使人中毒。例如：生食或食用过量都可致中毒，所以一定要掌握用量，防止白果中毒。具体方法：

（1）生食，成人 5 ~ 7 粒，小儿根据年龄体重每次 2 ~ 5 粒，隔 4 小时后可再服用。

（2）生食，一定去壳、去红软膜、去芯（胚芽）。

（3）熟食，每次 20 ~ 30 粒为宜。

如果发生白果中毒，仓促间可用以下方法急救：

（1）白果壳 50 克煎汤内服。

（2）鸡蛋清内服。

（3）绿豆 100 克煎汤内服。

莲子

性味归经

性温，味甘、涩；归脾、肾、心经。

养生功效

莲子含有丰富的营养成分，这些营养物质对人们养生保健有很重要的作用，例如，莲子含有大量的磷，而磷是构成牙齿、骨骼的成分。另外，莲子还有助于机体进行蛋白质、脂肪、糖类的代谢和维持酸碱平衡。莲子中钾的含量也非常高，钾对维持肌肉的兴奋性、心跳规律和各种代谢有重要作用。《本草纲目》言莲子"交心肾，厚肠胃，固精气，强筋骨，补虚损，利耳目，除寒湿，止脾泄久痢"。

怎么吃最科学

（1）莲子可以制成莲子心茶，莲子芯为成熟莲子种仁内的绿色胚芽，其味极苦，但却有很好的降压、去脂之效。

（2）莲子可以搭配其他五谷杂粮制成粥食用，可以提高粥品的营养价值。

（3）莲子还可以做成莲子羹、莲子汁等其他食品。

养生宜忌

一般人群均可食用，尤其适宜体虚者、失眠者、食欲不振者及癌症患者食用。但是便溏者慎用。

选购要点

（1）看颜色。太阳晒干的莲子颜色白中泛黄，而漂白过的莲子一眼看上去只是泛白。

（2）闻味道。干莲子有很浓的香味，而漂白过的有刺鼻味。

（3）听声音。干莲子一把抓起来有咔咔的响声，很清脆。而喷水的莲子声音发闷。

特别提示

莲子不能与牛奶同服，否则会加重便秘。

黑芝麻

性味归经

性平，味甘，归肝、肾、大肠经。

养生功效

中医认为，黑芝麻有补肝肾、润五脏、益气力、长肌肉、填脑髓的作用，可用于治疗肝肾精血不足所致的眩晕、须发早白、脱发、四肢乏力、五脏虚损、肠燥便秘等病症。现代营养学研究发现，黑芝麻含有的多种人体必需氨基酸，在维生素 E 和维生素 B1 的作用参与下，能增强人体的代谢功能，而且黑芝麻所含的脂肪大多为不饱和脂肪酸对人体十分有益。

怎么吃最科学

（1）黑芝麻可以直接食用，味道香甜，营养丰富。

（2）可以制成黑芝麻糊食用，方便营养吸收，口感细腻。

（3）黑芝麻还可搭配一些五谷杂粮制作成粥，粥品清香。

（4）黑芝麻还可搭配一些食物制作成饮品，如：黑芝麻木耳茶，此茶有凉血止血、润燥生津的功效。

（5）黑芝麻还可作为一些糕点的馅料，或者装饰，如：黑芝麻的月饼。

养生宜忌

一般人群均可食用，尤其适用于身体虚弱、头发早白、大便燥结等症的患者食用。但需注意，因芝麻在中医上被认为是一种发物，所以凡患痈疽疮毒等皮肤病者，应忌食。同时，芝麻多油脂，易滑肠，脾弱便溏者也当忌食。

选购要点

（1）看颜色。正常的黑芝麻颜色深浅不一，还掺有白芝麻；染过色的黑芝麻又黑又亮。

（2）闻味道。没染色的有股芝麻的香味，染过的不仅不香，还可能有股墨臭味。

（3）蘸水搓。可以捏几粒黑芝麻放在掌心，蘸点儿水搓一搓，正常芝麻不会掉色，如果纸马上变黑了，则肯定是染色芝麻。

特别提示

芝麻仁外面有一层稍硬的膜，只有把它碾碎，其中的营养素才能被吸收。所以在食用整粒芝麻时，最好搅碎或碾碎了再吃。